RÉGENCE DE TUNIS — PROTECTORAT FRANÇAIS

...ECTION GÉNÉRALE DE L'AGRICULTURE, DU COMMERCE
ET DE LA COLONISATION

IXᵉ CONGRÈS INTERNATIONAL

D'OLÉICULTURE

TUNIS, SOUSSE, SFAX (Tunisie)

du 26 octobre au 8 novembre 1928

TOME I

TUNIS

IMPRIMERIE CENTRALE (Georges GUINLE), 7, rue d'Italie

1929

RÉGENCE DE TUNIS — PROTECTORAT FRANÇAIS

DIRECTION GÉNÉRALE DE L'AGRICULTURE, DU COMMERCE
ET DE LA COLONISATION

IXᵉ CONGRÈS INTERNATIONAL

D'OLÉICULTURE

TUNIS, SOUSSE, SFAX (Tunisie)

du 26 octobre au 8 novembre 1928

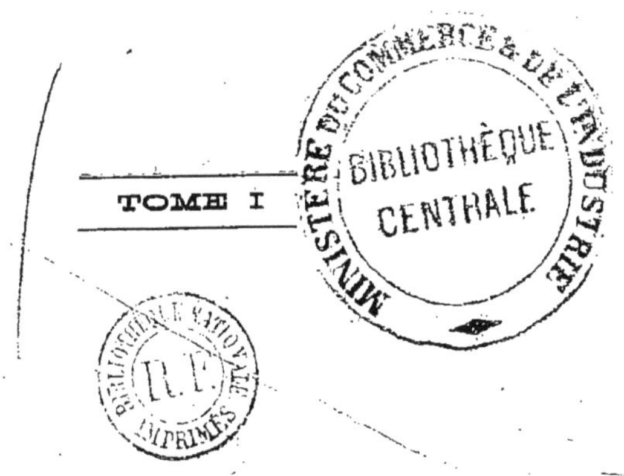

TOME I

TUNIS

IMPRIMERIE CENTRALE (Georges GUINLE), 7, rue d'Italie

1929

IXe CONGRÈS INTERNATIONAL

D'OLÉICULTURE

TUNIS, SOUSSE et SFAX (Tunisie)

du 26 octobre au 8 novembre 1928

Sous le Haut Patronage de

Son Altesse MOHAMED EL HABIB PACHA-BEY, Possesseur du Royaume de Tunis,

M. Lucien SAINT, Ministre Plénipotentiaire, Résident général de la République française à Tunis,

et de

MM. BRIAND, Ministre des Affaires Etrangères de la République française.

QUEUILLÉ, Ministre de l'Agriculture de la République française.

BORDES, Gouverneur général de l'Algérie.

STEEG, Résident général de la République française au Maroc.

PONSOT, Haut Commissaire de la République française en Syrie.

PRÉFACE

———

Au cours du VIIIe Congrès d'Oléiculture (Rome, novembre 1926) le Comité permanent de l'Institut international d'Agriculture avait été chargé de fixer le siège du IXe Congrès aux lieu et place de la Fédération internationale des Associations oléicoles.

Le Comité permanent a décidé que ce Congrès se tiendrait en Tunisie. La Commission d'Organisation, instituée par M. Lucien Saint, Ministre Résident général de la République française en Tunisie, a, d'accord avec la Société nationale d'Oléiculture de France, dont il importe de rappeler le rôle dans l'organisation des Congrès antérieurs, et d'accord également avec les Gouvernements de l'Afrique du Nord, fixé du 26 octobre au 8 novembre la durée de cette manifestation et décidé que les séances auraient lieu successivement à Tunis, à Sousse et à Sfax.

Le présent compte rendu comprend deux volumes. Le premier volume est réservé à la partie générale (organisation, liste des membres, fonctionnement, cérémonies diverses et excursions).

Le deuxième volume renferme les travaux du congrès (rapports, discussions et vœux).

Chaque volume est précédé de la table des matières correspondantes.

PARTIE GÉNÉRALE

ORGANISATION, LISTE DES MEMBRES, FONCTIONNEMENT

TABLE DES MATIÈRES

Son Altesse Mohamed El-Habib Pacha-Bey, Possesseur du Royaume de Tunis

M. Lucien Saint

Ministre plénipotentiaire, Résident général de la République française à Tunis

M. Paul Lescure
Directeur général de l'Agriculture, du Commerce et de la Colonisation
Président de la Commission d'Organisation du Congrès

M. Louis Dop
Délégué de la France et de la Tunisie à l'Institut international d'Agriculture de Rome
Président du Congrès

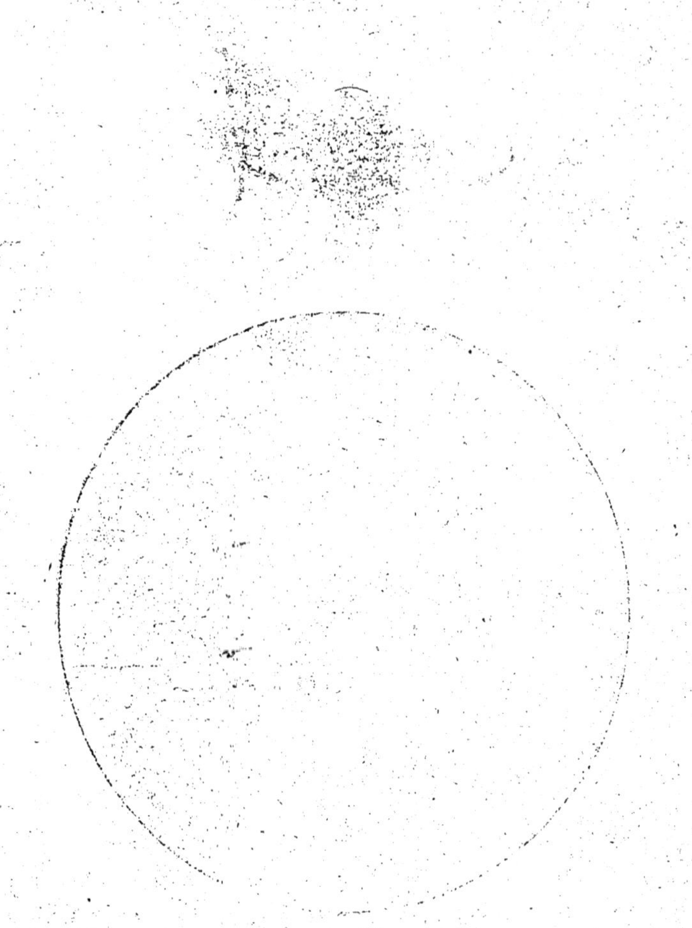

COMITÉ D'HONNEUR

MM. DE MICHELIS, Président de l'Institut international d'Agriculture de Rome, délégué de cet Institut,

Louis DOP, Vice-Président de l'Institut international d'Agriculture de Rome, délégué de cet Institut,

FÉLIX CHALAMEL, Président de la Société nationale d'oléiculture de France, délégué du Ministre de l'Agriculture,

Les délégués officiels des pays adhérents au Congrès :

Egypte . . . . M. ABD EL WAHAB FAHMY, délégué du Ministère de l'Agriculture d'Egypte ;

Espagne . . . . M. DON JUAN POTOUS, Consul général d'Espagne, à Tunis ;

Etats-Unis d'Amérique . . M. LELAND L. SMITH, Consul général des Etats-Unis, à Tunis ;

Algérie . . . . M. VIVET, Inspecteur du Service agricole et de l'Expérimentation à Alger ;

Grèce . . . . M. ISAAKIDES, Inspecteur des Services phytopathologiques à Athènes ;

Italie . . . . Prof. PETRI, directeur de la Station de Pathologie végétale de Rome ;

Tripolitaine . . . . M. SINISCALCHI, directeur de l'Agriculture à Tripoli ;

Maroc . . . . M. BEY-ROZET, Inspecteur de l'arboriculture à la Direction générale de l'Agriculture à Rabat ;

Syrie . . . . M. HALLAGE, Inspecteur de la Défense des Cultures à Damas.

PROGRAMME

PREMIÈRE SECTION (1)

PRODUCTION OLÉICOLE

1. — Statistique de la superficie et de la production.

2. — Etudes géographiques, monographiques et économiques.

3. — Variétés d'olivier. Détermination et classification. Valeur commerciale et industrielle.

4. — Eléments naturels de la production. Ecologie oléicole.

5. — Répartition géographique des variétés d'olivier.

6. — Meilleures variétés à introduire et à cultiver dans les différentes zones climatériques, au point de vue de la production de l'huile et de celle des olives de table.

7. — Modes de multiplication de l'olivier : Multiplication par semis et recherches sur la fixité ou la variation et sur la valeur des produits obtenus. Multiplication par éclat, bouture, rameau herbacé et greffage. Valeur comparée des divers procédés de multiplication de l'olivier.

8. — Etablissement des plantations, espacement, disposition, cultures intercalaires.

9. — Travaux de culture.

10. — Taille de formation et de fructification. Recherches sur les meilleures méthodes de taille.

11. — Fumure de l'olivier. Emploi des engrais composés.

12. — Irrigation de l'olivier.

13. — Récolte et conservation des olives à broyer.

14. — Recherche des causes influençant, d'une année à l'autre, la production en huile et la teneur en margarine.

15. — Les maladies de l'olivier.

16. — Les insectes et autres parasites nuisibles à l'olivier.

17. — Lutte contre la mouche de l'olive.

18. — Moyens de défense contre les maladies et les autres ennemis de l'olivier.

---

(1) Cette section a été, par la suite, divisée en deux sections 1 et I^bis.

19. — Intervention et aide de l'Etat :

    a) dans la mise en valeur des peuplements naturels d'oliviers sauvages et la création de plantations nouvelles.

    b) dans la gestion des plantations des particuliers, communes et collectivités, etc.

    c) dans la défense contre les maladies et ennemis de toute nature.

20. — Mesures législatives et organisations administratives concernant :

    a) l'encouragement à la plantation.

    b) la gestion des plantations.

    c) la défense des plantations contre les maladies et ennemis de toute nature.

    d) les stations de recherches, d'expériences et de renseignements.

2e SECTION

INDUSTRIE OLÉICOLE

1. — Procédés modernes d'extraction des huiles d'olive et matériel moderne d'huilerie.

2. — Installation et équipement rationnels d'une huilerie.

3. — Extraction des huiles de grignons.

4. — Raffinage des huiles.

5. — Conservation des huiles.

6. — Conserves d'olives.

7. — Mesures législatives et administratives concernant :

    a) les coopératives oléicoles.

    b) les Stations de recherches, d'expériences et de renseignements.

3e SECTION

COMMERCE DES HUILES ET DES CONSERVES D'OLIVES

1. — Définition et dénomination des qualités des huiles.

2. — Analyse des huiles et répression des fraudes.

3. — Organisation du commerce des huiles d'olive dans les différents pays oléicoles.

4. — Mesures législatives et administratives concernant :

    a) le commerce des huiles d'olive et sous-produits de l'oléiculture.

    b) les Stations de recherches, d'expériences et de renseignements.

RÈGLEMENT

ARTICLE PREMIER. — Le IX⁰ Congrès international d'Oléiculture aura lieu successivement à Tunis, Sousse, Sfax, du 26 octobre au 8 novembre 1928.

ART. 2. — Pourront prendre part au Congrès, en qualité de *membres ef⁴ fectifs*, les personnes de toute nationalité qui en feront la demande au Président de la Commission d'Organisation du Congrès, à la Direction générale de l'Agriculture, à Tunis.

La demande devra être accompagnée de la somme de 50 francs français, représentant le prix de la cotisation, qui donnera droit à l'envoi gratuit du compte-rendu du Congrès.

Les Chambres, Offices, Sociétés, Syndicats, Coopératives et, en général, toutes Associations touchant en quelque manière à la production, à l'industrie et au commerce de l'huile d'olive et autres produits de l'olivier, pourront adhérer au Congrès, moyennant le paiement d'une cotisation de 50 francs français. Ces Associations pourront envoyer des délégués supplémentaires en aussi grand nombre qu'elles le désireront et ne paieront qu'une cotisation réduite à 30 francs français, pour chacun de ces délégués supplémentaires désirant recevoir le compte-rendu du Congrès.

Les Gouvernements invités au Congrès pourront se faire représenter par des délégués accrédités officiellement. Ces délégués seront exonérés de la cotisation et jouiront des mêmes droits que les membres effectifs du Congrès.

Pourront également prendre part au Congrès, à titre de *membres associés*, les personnes appartenant à la famille d'un membre effectif du Congrès, moyennant le versement d'une cotisation dont le montant est fixé à 20 francs français.

ART. 3. — Les membres inscrits au Congrès, à titre quelconque, recevront une *carte strictement personnelle de membre du Congrès* leur donnant libre accès aux salles des conférences et des réunions et pourront jouir des avantages qui seront ultérieurement indiqués, concernant notamment les facilités de transport, réceptions, excursions, etc,.

Les frais de transport, d'excursion et de banquet ne sont pas compris dans la cotisation et feront l'objet de forfaits à prix aussi réduits que possible.

ART. 4. — L'organisation du Congrès est assurée par une Commission d'organisation ayant son siège à Tunis et présidée par le Directeur général de l'Agriculture, du Commerce et de la Colonisation de la Régence.

Cette Commission est assistée par divers Comités :

a) Un Comité Central désigné par elle, et chargé de l'organisation générale et des réceptions à Tunis ;

b) Des Comités régionaux, constitués à Sousse et à Sfax par les Chambres mixtes d'Agriculture et de Commerce du Centre et du Sud, et chargés de l'organisation dans ces deux régions.

Un Comité métropolitain est chargé de l'organisation du Congrès pour la France.

ART. 5. — Le Congrès se divisera en trois sections conformément au programme.

ART. 6. — A la fin de la séance d'ouverture, l'Assemblée nommera les membres du bureau du Congrès et des bureaux des Sections.

Le bureau du Congrès sera formé d'un Président, de Vice-Présidents, d'un Secrétaire général et de Secrétaires.

Les bureaux des Sections seront composés d'un Président, de Vice-Présidents et de Secrétaires.

L'Assemblée procédera ensuite à une discussion générale des questions du programme du Congrès.

Après cette discussion, les questions seront renvoyées à chacune des Sections compétentes.

ART. 7. — Les séances plénières et les travaux des Sections seront réglés conformément au programme.

Le Président du Congrès fixera, d'accord avec les bureaux des Sections, l'ordre du jour de chaque séance. Les travaux de chaque Section seront réglés par son propre Bureau, d'après le programme.

ART. 8. — Les membres effectifs du Congrès, les délégués des Gouvernements, des Administrations publiques et des Associations, ainsi que les membres invités, auront seuls le droit de présenter des rapports et de prendre part aux discussions.

Les membres associés n'auront pas ce droit et ne recevront pas le compte-rendu du Congrès.

ART. 9. — Les rapports présentés au Congrès pourront être répartis en deux catégories :

a) Rapports qui seront discutés en séances de section.

b) Rapports qui ne feront pas l'objet de discussions publiques, mais qui seront, comme les autres, publiés dans le compte-rendu du Congrès.

Les rapports devront parvenir au Président de la Commission d'Organisation du Congrès, Direction générale de l'Agriculture, à Tunis, *avant le 1er septembre* 1928. Ils devront comporter des conclusions présentant une importance suffisante pour être soumises à la discussion du Congrès international.

La commission d'organisation aura tout pouvoir pour accueillir ou rejeter les rapports qui seront adressés au Congrès.

ART. 10. — Les membres du Congrès sont autorisés à employer leur langue nationale.

Les actes du Congrès seront publiés en français; un résumé sera publié en arabe.

Les discours, rapports et communications présentés dans des langues autres que le français, l'arabe, l'italien ou l'espagnol, devront être accompagnés d'une traduction ou d'un résumé dans une de ces mêmes langues.

Les discours seront reproduits en résumé dans les procès-verbaux. Tout membre du Congrès qui désirera la reproduction intégrale de son discours devra en présenter le texte au Bureau de la présidence aussitôt après la séance au cours de laquelle il l'aura prononcé.

Art. 11. — Le Secrétaire de chaque Section réunira les résumés des rapports soumis à la discussion et les vœux adoptés aux séances de Section.

Art. 12. — Les vœux adoptés dans les diverses Sections seront soumis à l'approbation du Congrès dans les séances plénières qui suivront les travaux des Sections.

Art. 13. — La direction générale des travaux du Congrès appartiendra à la présidence du Congrès qui devra observer le programme fixé par la Commission d'Organisation.

La direction des discussions, dans chaque Section, sera de la compétence du Président de Section.

Art. 14. — Au cours du Congrès, il ne pourra être introduit de modification dans l'ordre des travaux que sur la proposition des Présidents des Sections.

Art. 15. — Les discussions ne pourront être ouvertes que sur les propositions écrites et transmises au Bureau.

Pour toute question d'ordre, le Président tranchera sans appel.

Dans les Sections comme dans les séances plénières, le Président pourra établir une limite de la durée des discours.

Art. 16. — Un compte-rendu in-extenso des travaux du Congrès sera publié par les soins de la Commission d'Organisation, qui pourra demander aux auteurs des rapports des réductions ou suppressions. Elle pourra, s'il y a lieu, les opérer d'office, afin de réduire l'étendue du rapport général.

Art. 17. — Tous les documents relatifs au Congrès doivent être adressés au Président de la Commission d'Organisation du IXe Congrès international d'Oléiculture (Direction générale de l'Agriculture, à Tunis).

Art. 18. — La Commission d'Organisation se réserve la faculté de régler le programme des travaux et de le modifier s'il y a lieu.

Elle décidera sur ce qui n'aurait pas été prévu par le présent règlement.

Tunis, le 5 juin 1928.

La Commmission d'Organisation.

HORAIRE DES TRAVAUX ET EXCURSIONS

Circuit A

Octobre 1928

Vendredi 26	**TUNIS**	*matinée*	Réception et installation des Congressistes.
—	—	*15 h.*	Ouverture du Congrès. — Constitution du bureau du Congrès et des bureaux des Sections.
Samedi 27	—	*9 h.*	Travaux des 1re, 2e et 3e Sections.
—	—	*15 h.*	id.
Dimanche 28 ...	—		Visite de la ville et des environs : les Souks, Le Bardo, Carthage, Sidi-Bou-Saïd, La Marsa (en automobiles).
Lundi 29	—	*9 h.*	Travaux des Sections.
—	—	*15 h.*	id.
Mardi 30	—	*8 h.*	id.
—	—	*13 h.*	Visite en automobile de Bizerte et ses environs et retour à Tunis.
Mercredi 31			
Dép. de *TUNIS*		*7 h.*	en automobile pour Soliman, Menzel-Bou-Zelfa, Korba, Nabeul, Hammamet et Enfida.
Arr. *à L'ENFIDA*		*12 h.*	Déjeuner. Visite des plantations et de l'huilerie de la Société Franco-Africaine.
Arr. *à SOUSSE*		*18 h.*	Dîner et logement.

Novembre 1928

Jeudi 1er	**SOUSSE**	*8 h.*	Réception et Séance plénière. — Déjeuner, dîner et logement.
Vendredi 2	—	*7 h.*	Visite de la ville de Sousse et de ses environs. — Déjeuner à 11 heures.
Dép. de *SOUSSE*		*12 h. 30*	en automobile pour Monastir, Mahdia, El-Djem (Visite du Colysée).
Arr. *à SFAX*		*19 h.*	Dîner, logement.

Samedi 3........	**SFAX**	9 h.	Réception et Séance plénière.
—	—	15 h.	Séance plénière. — Déjeuner, dîner, logement.
Dimanche 4....	—	matin	Visite de la ville de Sfax et des environs.
—	—	soir	Visite de la forêt d'oliviers. — Déjeuner, dîner et logement.
Lundi 5	—	matin	Séance de clôture du Congrès. — Banquet officiel de clôture.
Dép. de	—	15 h.	en automobile pour Sousse.
Arr. à	SOUSSE	18 h.	Dîner, coucher.
Mardi 6 Dép. de	—	7 h.	Arrivée à Tunis à 10 heures.
Dép. de	TUNIS	midi	par paquebot de la Cie Transatlantique italienne pour Cagliari, Livourne, Gênes.
—	—	12 h. 50	par chemin de fer pour Bizerte, à 17 h. pour Marseille par paquebot de la Cie Générale Transatlantique.

Circuit B

Même horaire que pour le circuit A jusqu'au lundi 5 novembre à 15 heures

Novembre 1928

Lundi 5 Dép. de	SFAX	15 h.	en automobile pour Gabès.
Arr. à	GABÈS	18 h.	Dîner, logement.
Mardi 6	**GABÈS**	matin	Visite de l'oasis de Gabès à dos de mulet, âne, chameau. — Déjeuner.
Dép. de	—	14 h.	en automobile pour Sousse.
Arr. à	SOUSSE	20 h.	Dîner et logement.
Mercredi 7			
Dép. de	SOUSSE	8 h.	en automobile pour Kairouan.
Arr. à	KAIROUAN	9 h.	Visite de la ville de Kairouan et de ses environs. — Déjeuner.
Dép. de	—	14 h.	par Zaghouan et Tuburbo Majus.
Arr. à	TUNIS	19 h.	Dîner, logement.
Jeudi 8	—		Matinée libre. Déjeuner.
Dép. de	—	16 h.	par paquebot de la Société italienne de Navigation pour Trapani, Palerme, Naples.
Dép. de	—	17 h.	par paquebot de la Cie de Navigation Mixte pour Marseille.

COMITÉ MÉTROPOLITAIN DE PROPAGANDE
ET D'ORGANISATION POUR LA FRANCE

MM. Félix CHALAMEL, Ingénieur agronome, ancien député, Président de la Société nationale d'oléiculture de France,

Humbert RICOLFI, Député des Alpes Maritimes, 1er Vice-Président de la Société nationale d'oléiculture de France, Président de l'Office nationale oléicole,

Prosper RAYBAUD, Inspecteur principal, Chef du Service agricole de la Cie P. L. M., Vice-Président de la Société nationale d'oléiculture de France,

Léon BOVIS, Membre de la Chambre de Commerce de Nice, Vice-Président de la Société nationale d'oléiculture de France,

H. LATIERE, Ingénieur agronome, Secrétaire général de la Société nationale d'oléiculture de France.

COMMISSION D'ORGANISATION

Président :

M. LESCURE, Directeur général de l'Agriculture, du Commerce et de la Colonisation.

Vice-Présidents :

MM. GOUNOT, Président de la Chambre française d'Agriculture du Nord ;

VENTRE, Président de la Chambre française de Commerce ;

DIACONO, Vice-Président de la Chambre Mixte d'Agriculture et de Commerce du Centre (Sousse) ;

BOUCHER, Président de la Chambre mixte d'Agriculture et de Commerce du Sud (Sfax) ;

REYCOUDIER, Président de la Chambre de Commerce de Bizerte ;

Lakdar ben ATTIA, Président de la Chambre d'Agriculture indigène du Nord ;

Mohamed CHENIK, Président de la Chambre de Commerce indigène de Tunis ;

Membres :

Deux délégués de chacune des Chambres ci-après :

Chambre française d'Agriculture du Nord : MM. TROUILLET et RIBEREAU;

Chambre indigène d'Agriculture du Nord : MM. ABDEL AZIZ EL BEJI et TOUKABRI;

Chambre de Commerce française de Tunis : MM. REYMOND et GENEVAY

Chambre de Commerce indigène de Tunis : MM. VICTOR BESSIS et DARGOUTH;

Chambre mixte d'Agriculture et de Commerce du Centre : MM. BAUCHE et MOHAMED RAMDAN;

Chambre mixte d'Agriculture et de Commerce du Sud : M. CHARROIN;

Chambre de Commerce de Bizerte : MM. GRANJON et GUERIN.

DÉLÉGATIONS OFFICIELLES

de l'Institut International d'Agriculture de Rome et des pays adhérents

Institut International d'Agriculture de Rome :

MM.   LOUIS DOP, Vice-Président de l'Institut, délégué de la France, des Colonies françaises et de la Tunisie au Comité permanent de l'Institut;

FRANCISCO BILBAO, délégué de l'Espagne au Comité permanent de l'Institut;

J. J. L. VAN RIJN, Délégué des Pays-Bas et des Indes Néerlandaises au Comité permanent de l'Institut.

***

Algérie. . . . . MM. VIVET, Inspecteur du Service Agricole et de l'Expérimentation agricole à Alger,

BRICHET, Conseiller agricole chargé de l'Arboriculture à Alger,

HUSSON, Professeur de Technologie agricole à l'Institut agricole de Maison-Carrée.

Egypte . . . . M. ABD EL WAHAB FAHMY EFFENDI, Attaché au Ministère de l'Agriculture au Caire.

Espagne............   MM. Don Juan POTOUS, Consul général d'Espagne à Tunis,

Manuel PRIEGO (Don Juan), Ingénieur agronome, Inspecteur général des Ingénieurs agronomes à Madrid,

A. Ruiz FERNANDEZ-MOTA, Ingénieur agronome, Directeur de l'Institut supérieur d'Oléiculture, à Baera (Jaen),

Juan CALMARZA FELEZ, Ingénieur agronome, Directeur de la Station d'Oléiculture de Tortosa (Tarragona),

J. VIEDMA, Chef de la Station agronomique de Jaen.

Etats-Unis d'Amérique   M. LELAND L. SMITH, Consul général des Etats-Unis, à Tunis.

France ....   MM. CHALAMEL Félix, déjà nommé.

RICOLFI Humbert, déjà nommé.

RAYBAUD Prosper, déjà nommé.

BOVIS Léon, déjà nommé.

L. LATIERE, déjà nommé.

FERAUD, membre de la Société nationale d'oléiculture de France.

Grèce ....   MM. Constantin A. ISAAKIDES, Directeur du Service phytopathologique à Athènes ;

PHILIPOPOULOS Georges, Ingénieur de l'Ecole supérieure d'Agriculture d'Athènes.

Italie.............   MM. le Professeur Lionello PETRI, Directeur de la Station de Pathologie végétale de Rome ;

le Docteur Antonio de MEDICI, Commissaire Royal de la Société nationale des Oléiculteurs ;

le Prince Ludovico CHIGHI ALBANI, oléiculteur à Rome ;

le Professeur BONUCELLI Fortunato, Directeur de la Chaire ambulante d'Agriculture de Lucques.

Maroc.............   M. BEY-ROZET, Inspecteur de l'Arboriculture à la Direction générale de l'Agriculture à Rabat.

Portugal . . . . M. Arnaldo FORTE, Consul de Portugal à Tunis.

Syrie . . . . M. HALLAGE Raphael, Inspecteur de la Défense des Cultures à Damas.

Tripolitaine . . . . MM. SINISCALCHI, Directeur de l'Agriculture à Tripoli;

LEONI, Chef du Service agricole à Tripoli;

CAGNO, Chef du Bureau foncier de Tripoli;

GIOCOLI, Membre du Comité de Colonisation de la Tripolitaine à Tripoli.

MEMBRES EFFECTIFS

ALGÉRIE

MM. BERTAGNA Roland, oléiculteur, industriel à Bône

BLACHERE, Administrateur-Délégué des Etablissements « A. Blachère et ses fils », à Hussein-Dey

BOUCLIER-MAURIN, Conseiller agricole à Mascara

BOUSCASSE Fernand, Président de la Société industrielle de l'Afrique du Nord pour le traitement des sous-produits de la vigne et de l'olivier à Bougie

BRICHET, Conseiller agricole chargé de l'Arboriculture à Alger

DELACOSTE Edouard, Négociant à Mirabeau

DELASSUS, Inspecteur de la Défense des Cultures à Alger

ESCLAPEZ, Industriel à Relizane ;

FEBVRE Georges, Directeur du Domaine de Medjez-Ammar, département de Constantine ;

FEMY Lucien, Ingénieur, Directeur de la maison Célestin Coq à Alger ;

GALLOIS, Conseiller agricole à Sidi-bel-Abbès ;

HUSSON, Professeur de Technologie agricole à l'Institut agricole de Maison-Carrée ;

MALAQUIN, à Zemmora, département d'Oran ;

MANQUENE, Chef du Service général agricole à Oran ;

MENARD, Ingénieur à la Société Alfa-Laval à Alger ;

MM. MOATTI Emile, Ingénieur agricole, Président des Associations agricoles' de Miliana, département d'Alger ;

Mustapha TAMZALI, Exportateur, membre et délégué de la Chambre de Commerce d'Alger ;

PELISSIER Victor, Ptopriétaire-oléiculteur à Boghni, délégué financier, délégué de la Confédération générale des Agriculteurs d'Algérie,

PULLICINO Maurice, de la maison Hayat et Pullicino, 3, rue Jénina, à Alger ;

RABOT, Expert principal de la Défense des Cultures à Tlemcen

ROUYER, Industriel, oléiculteur à Hammam-Meskoutine, département de Constantine ;

Société COLONIA, à Alger ;

MM. TEMIME Gaston, 38, rampe Chasseloup Laubat, Alger ;

THOMAS, Chef du Service général agricole du département d'Alger

VIVET, Inspecteur du Service général agricole et de l'Expérimentation agricole d'Algérie ;

ESPAGNE

MM. ALCALA Espinosa D. Jose, calle Nueva de Baena, Cordoue;

ALVA Romero D. Manuel, 7, plaza Nueva, à Grenade ;

ALVARO D. Manuel, Fabricant et exportateur de bouchons de liège d'Eslida, Castellon ;

Association Coopérative des négociants en huile de Barcelone ;

Association nationale des oléiculteurs d'Espagne à Madrid ;

MM. BAJO Ricard., Délégué de la Société de Traction électrique de la Loma à Ubeda-Jaen ;

CANOVAS DEL CASTILLO, Jesus, Conseiller délégué de l'Association nationale des Oléiculteurs d'Espagne à Madrid ;

CASTEJON, Baron de Beorlegui, D. Manuel, Ingénieur-agronome à Santander ;

CAVANILLAS RODRIGUEZ, Luis, Ingénieur agronome à Binejar

Chambre officielle agricole de la Province de Séville, à Séville ;

MM. CRUZ VALERO, Antonio, Ingénieur Agronome, Secrétaire général de l'Association nationale des Oléiculteurs d'Espagne, à Badajoz

GAN ROLDAN, Jose, 1, calle Llana à Baena, Cordoue ;

GOMEZ CANADA, D. Juan, à Guarena, Badajoz ;

GRAGERA VALERO (Jose, Valverde de Léganès, province de Badajoz ;

HEREDERO, D. Diego, à Hubeda-Jaen ;

HUESCA Rubio, D. Jose, Président de la Chambre officielle d'Agriculture de la province de Séville ;

JORDANA DE POZAS, Julio, Ingénieur agronome et Chimiste à Binejar-Huesca ;

JUAREZ Adolfo, à Valverde de Léganés-Badajoz ;

LOMA (Enrique de la) Ingénieur agronome à Santander ;

LOPEZ de la FUENTE, Justo, Directeur de la *Revue Agricole, Ara y Canta*, à Badajoz ;

LOZANO REYES, D. Fabian, à Puebla-de-la-Calzada, Badajoz

MORA ALMAGRO, Rocardo, Fondé de Pouvoirs de la maison Pallarès Hermanos à Cabra, Cordoba ;

MUNOZ CARCIA-GRECO, Francisco, Secrétaire de la Fédération des Exportateurs d'huile d'olive d'Espagne à Madrid ;

NAVARRO de MICHEO, Pedro, Ingénieur Chef de la Section agronomique de Huesca ;

OVANDO MONTERO de ESPINOSA, D. Jose, à Fuente-del-Maestre-Badajoz ;

PALLARES DELSORS, Louis, Trésorier de la Fédération des Exportateurs d'huile d'olive d'Espagne à Madrid ;

RAMIREZ DIEZ-CANSECO, D. Bernardino, Medico en Olivenza Badajoz ;

RINCON GIMENEZ, D. Julio, calle de Arco, 10 à Badajoz

Section agronomique de Huesca ;

Section agronomique de Saragosse ;

Station d'Agro-Pecouaria de Teruel ;

Station d'Arboriculture et de Fruticulture de Logrono ;

Station d'Etudes et d'application de Riegos à Binejar ;

MM. SOLIS Y DESMAISSIERES, (PEDR. DE), Président de l'Association nationale des Oléiculteurs d'Espagne, à Séville ;

TENA HIJOS DE LUCA, à Séville ;

VACAS GARCIA, D. EMILIANO, à Badajoz ;

ZURITA ROMERO, D. FRANCISCO, Docteur en droit, membre de la Chambre officielle d'Agriculture de la province de Cordoue ;

ZURITA VERA, D. ANTONIO, Vice-Président de la Chambre officielle d'Agriculture de la province de Cordoue ;

ÉTATS-UNIS D'AMÉRIQUE

M. NATHAN HURWITZ, Vice-Président de *The Pompeiau Corporation*, de Baltimore ;

FRANCE

MM. ALEXANDRE JOSEPH, Ingénieur, administrateur délégué des Huileries Audemard, à Nice ;

BAILLAUD, Secrétaire général de l'Institut colonial de Marseille

BREYNAERT FRANÇOIS, Directeur de la Compagnie des Phosphates et du Chemin de Fer de Gafsa, à Paris ;

Caisse Nationale de Crédit agricole, à Paris ;

MM. CELESTIN COQ, Ingénieur-constructeur, à Aix-en-Provence ;

GUILLOT JACQUES, Ingénieur agronome à Nice ;

JEANNE EUGENE, Président de la Coopérative oléicole de l'Argente les Arcs, Var ;

LOBIN, Ingénieur-Constructeur, à Aix-en-Province ;

SERIS MARCEL, Administrateur délégué de la Société immobilière Sfaxienne, Lyon ;

GRANDE BRETAGNE

M. C. T. DIXON JOHNSON, Propriétaire-Oléiculteur, Croft on tees Darlington ;

GRÈCE

M. ISAAKIDES, Directeur du Service Phytopathologique à Athènes ;

ITALIE

MM. ARRIGO Enrico, Avocat, Président de l'Institut expérimental d'Oléiculture et d'Oléifacture d'Impéria ;

AVATI Vincenzo, à Naples ;

le Docteur BERNARDINI Luigi, Oléiculteur, à Arhesano ;

CARLI Ernesto, Industriel, à Oneglia ;

Chaire ambulante d'Agriculture d'Ascoli-Piceno ;

Chaire ambulante d'Agriculture de Cagliari ;

Chaire ambulante d'Agriculture de Lucques;

Conseil provincial de l'Economie d'Ascoli-Piceno ;

Conseil provincial de l'Economie de Gênes;

Conseil provincial de l'Economie de Lucques;

Conseil provincial de l'Economie de Peruse;

Conseil provincial de l'Economie de Pise ;

Conseil provincial de l'Economie de Raguse ;

Conseil provincial de l'Economie de Rietti;

Conseil provincial de l'Economie de Sassari ;

Conseil provincial de l'Economie de Sienne ;

Conseil provincial de l'Economie de Syracuse ;

Conseil provincial de l'Economie de Tarente;

M. COLNAGO Césare, Oléiculteur à Palerme ;

Consortium agraire coopératif fasciste de Vibo-Valentia ;

Coopérative confédérale d'Oléiculture, à Rome ;

MM. FANTACCINI Leone e Figli (Ditta) à Prato ;

Docteur FERRARA Antonio, Professeur de Technologie à l'institut
colonial agricole de Florence ;

GAGLIARDI Enrico, Oléiculteur à Vibo-Valentia ;

Institut Agricole Colonial Italien à Florence ;

MM. Docteur JANNELLI Guglielmo, à Castroréale Bagni ;

JOVINO Saverio, professeur d'Agriculture, à Lecce ;

Docteur MERCIAI Giulio, Oléiculteur, à Pise;

MM. MONCADA di PATERNO (Prince Ugo), Oléiculteur, à Palerme

Docteur DE MEDICI Antonio, Délégué de la Société nationale des Oléiculteurs de Rome ;

PASCALE (Alessandro di), Ingénieur industriel, à Palerme ;

Professeur PETRI, Directeur de la Station de Pathologie végétale de Rome ;

PIGNATELLI della LEONESSA Luigi, Prince de Monteroduni, à Rome ;

RAGHIB ZIA, Ingénieur Oléiculteur à Portici ;

SALVO Francesco, Oléiculteur à Oneglia ;

Docteur SOLARI Mario, Ingénieur à Gênes ;

D'ULIVA Giuseppe, pépiniériste à Pescia ;

VIVARELLI, Giovanni, Ingénieur, Président du Conseil provincial de l'Economie de Grosetto ;

Le Docteur ZITO Ferdinando, Oléiculteur, à Cittanova ;

Zone de Fédération provinciale syndicale fasciste d'Agriculture, à Vibo-Valentia ;

MAROC

MM. BEY ROZET, Inspecteur de l'Arboriculture, à Rabat ;

NOETINGER Charles-Ferdinand, Ingénieur agricole, colon à Oued-Amebil, par Taza ;

PORTUGAL

MM. ALMEIDA LANCA (F. H. D'), Ferreira do Alemtejo ;

ANDRADE Bastos Ribeiro (Joao d'), Agriculteur, à Souzel

Association centrale portugaise d'Agriculture, à Lisbonne (Portugal) ;

MM. le Comte de BOBONE, Ingénieur Agronome, Chef de Division au Ministère de l'Agriculture, à Lisbonne ;

FERNANDES de OLIVEIRA Eduardo, Médecin et Agriculteur, à Serpa ;

le Docteur MASTBAUM Hugo, Ingénieur Chimiste, à Lisbonne

OSORIO (J. F. de M.), Propriétaire à Proença, à Velha-Beira Baixa ;

MM. OSORIO Luiz, Propriétaire, à Penamacor ;

SANTOS Garcia, Directeur de la Station Agraire de Alto-Alemtejo. à Evora ;

Syndicat Agricole de Serpa ;

SYRIE

M. ASSOUAD Gabriel, Ingénieur Agricole E. N. A. M., à Alep ;

MM. HALLAGE Raphael, Inspecteur de la Défense des Cultures à Damas;

B. et J. NASRI, négociants-propriétaires, à Lattaquié ;

SAADE Gabriel et Fils, à Lattaquié ;

Société Industrielle des Etats du Levant (Siège social, 12, rue Roquépine, Paris 8ᵉ) ;

TRIPOLITAINE

MM. le Docteur SEGRE Cesare, à Tripoli ;

VISCARDI Mario, Pharmacien, à Tripoli ;

TUNISIE

MM. ARBEL Pierre, Propriétaire, Jardin Selim, à Tunis;

BARDOU, Délégué de la Société *Motor*, 13, avenue de Carthage, Tunis ;

BERTHOLUS, Directeur du Domaine de Sidi-Mansour, Cherahil, à Paviller ;

BESSE Henri, Inspecteur de l'Agriculture, à Tunis ;

BESSIS Joseph, à Sfax ;

BESSIS Victor, Vice-Président de la Chambre de Commerce Indigène du Nord, Tunis ;

BIGOURDAN René, Conseiller agricole, à Bizerte ;

BOCCARA Emilio, Représentant des Etablissements *Coq et Cie*, à Tunis ;

BOCCARA Guido, Négociant à Tunis ;

BOCCARA Victor, à Tunis ;

BONNENFANT Clément, Propriétaire à Tunis ;

BORDAY Claude, de la Société *Borday, Yana et Reynaud*, à Tunis

BORG Paul, Négociant, à Tunis ;

MM. BOULAKIA ALBERT, Oléiculteur-Industriel, à Tunis ;

BOUTBOUL (Jos. D.), Négociant, à Sousse ;

BOUTEILLE, Courtier assermenté, à Tunis ;

Mme DE BOUVIER, Propriétaire, à Sidi-Athman ;

MM. BUSSUTIL SAUVEUR, de la Maison *Victor Guez*, à Sfax ;

CAMBLAT LOUIS, Conseiller agricole, à Tunis ;

CASSUTO ALBERT, Commissionnaire en huile, à Tunis ;

CHABROLIN, Professeur à l'Ecole coloniale d'Agriculture de Tunis

CITTANOVA JACQUES, Directeur de la *Société Commerciale de l'Afrique du Nord*, à Tunis ;

CITTANOVA SALVATORE, à Tunis ;

CLAVEL, Ingénieur des Améliorations agricoles, Tunis ;

CHARMETANT JOSEPH, Oléiculteur, à Eddekhila ;

CHASSAING, Chef de travaux au laboratoire des services administratifs et de la répression des fraudes, à Sfax ;

CHAUDOUET, Directeur général de la Cie *Nord-Africaine d'opérations foncières*, à Tunis ;

CHEVALIER PAUL, Directeur des Domaines d'El-Alem ;

COANET EDMOND, Président de l'*Association Agricole de la Tunisie*, à Tunis ;

COHEN (ISAAC DE A.), Industriel, à Sfax ;

CORRIOL, Ingénieur de la Maison *Victor Guez*, à Sfax ;

COSKAS ALFRED, Négociant, à Tunis ;

COUPIN, Professeur à l'Ecole coloniale d'Agriculture, à Tunis

DE COURTEVILLE, Directeur de la *Société des Agriculteurs de la Tunisie*, à Tunis ;

DELMAS RAOUL, Directeur du *Comptoir des Mines et des Grands Travaux*, à Tunis ;

DELORME EMILE, Président de la Société des Agriculteurs de la Tunisie, à Saint-Cyprien ;

DUMONT ERNEST, Oléiculteur, à Grombalia ;

MM. DUMONT Henri, Oléiculteur, à Sbeitla ;

FORTI Henri, à Tunis ;

FROMENT, Administrateur de la *Société des Fermes Françaises*, à Tunis ;

GANEM Benjamin, Industriel, à Sousse ;

GAUFFRETEAU Raymond, Oléiculteur, à Zarzis

GENEVAY, Négociant, à Tunis ;

GILLIN Paulin, Directeur des Services et de l'enseignement agricole en retraite, à Tunis ;

GINESTOUS, Chef du Service Météorologique, à Tunis ;

GOLFAND, Oléiculteur, à Djedeïda ;

GRANGER, Conseiller agricole, à Tunis ;

GROS, Administrateur de la *Société Immobilière Franco-Africaine*, à Enfidaville ;

GUEZ Victor, Industriel, à Sfax ;

GUILLOCHON, Assistant au Service Botanique, à Tunis

HALFON Albert, de la *Société Halfon Frères et Reymond*, à Tunis ;

HALFON Frères et REYMOND, à Tunis ;

Du HALGOUET, Inspecteur du Service commercial de la Compagnie Fermière des Chemins de Fer tunisiens, à Tunis ;

JAMI Jules, Négociant, à Tunis ;

JOURDAN, Négociant, à Tunis ;

LABAT, Inspecteur de la Ghaba, à Tunis ;

LABORDE Fernand, Ingénieur E. C. P., à Radès ;

LADJIMI Amor, Pharmacien, à Tunis ;

LANATA G., Industriel de la *Société Lanata et Fils*, à Sousse.

LAROZE, Conseiller agricole, à Sousse ;

LARUE Pierre, Délégué de la *Société des Agriculteurs de Tunisie*, Oléiculteur, à Enfidaville ;

LEVY Hector, Ingénieur, à Sousse ;

LEVY Louis, Industriel, à Tunis ;

MM. LISCIA (E. de G.), *Huileries de la Manouba*, Tunis ;

Le Docteur LOVY, Oléiculteur, à Maknassy ;

LOVY Pierre, Oléiculteur, à Maknassy ;

LUMBROSO Abramino, à Sfax ;

LUMBROSO Adolphe, à Tunis ;

LUISADA Angelo, Ingénieur, à Tunis ;

MAAREK Charles, Fondé de Pouvoirs de la *Banca Italiana di Credito*, à Tunis ;

MARCILLE, Chef du Laboratoire de Chimie et de la Répression des Fraudes, à Tunis ;

MARTIN, Administrateur-Délégué de l'*Omnium Immobilier Tunisien*, à Tunis ;

MARTINIER, Président de l'*Omnium Immobilier Tunisien*, à Tunis,

MARTINIER Régis, Délégué de la *Société Martinier et Cie*, Tunis

MATHIEU, Directeur du Domaine de l'Enfida, à Enfidaville

MARTEL Charles, Inspecteur général de la Société Anonyme de Gestion agricole et Coloniale, à Tunis ;

MARUANI David, à Sousse ;

MEDINA Gabriel, Président de la *Société Anonyme Monastirienne*, à Monastir ;

MINANGOIN, Inspecteur de l'Agriculture en retraite, à Radès

MONTELEONE Nicolas, Propriétaire, à Bou-Arkoub ;

PAGLIANO, Professeur à l'Ecole coloniale d'Agriculture de Tunis

QUENNEC, Propriétaire oléiculteur, à Paviller ;

REY, Inspecteur de l'Agriculture, à Sfax ;

RIBEREAU, Membre de la Chambre d'Agriculture du Nord, Président de l'Association agricole de Takelsa ;

REYMOND, Industriel, Membre de la Chambre de Commerce française de Tunis ;

ROTH R. W., Tunis ;

MM. ROUSSEAU Marcel, Professeur à l'Ecole coloniale d'Agriculture, à Tunis ;

SCEMAMA Sousane, de la Maison *Azuelos, Baron et Scemama*, à Tunis

SAADA Elie, Représentant à Tunis de la *Maison Victor Guez*, de Sfax ;

SAUVAGET, Conseiller agricole, au Kef ;

SEBAG, Exportateur, à Tunis ;

SERIS Marcel, Administrateur-Délégué de la *Société Immobilière sfaxienne*, à Sfax ;

SETBON Sauveur, Oléiculteur, à Tunis ;

STRAUSS Jean, *Maison Victor Guez*, à Sfax ;

STOLL, Ingénieur A. M., à Tunis ;

SOULMAGNON, Professeur à l'Ecole coloniale d'Agriculture, à Tunis ;

TAHAR ben AMAR, Membre de la Chambre d'Agriculture Indigène du Nord ,

TAIEB el KASSAR, Oléiculteur, à Tunis ;

TOMASINI Marc, Directeur d'Assurances foncières, à Tunis

TOURNIEROUX J. A., Inspecteur de l'Agriculture, à Tunis

UNGER Ferdinand, Oléiculteur, à Paviller ;

UZAN Jules, Négociant, à Tunis ;

UZAN Michel, Ingénieur agronome, exportateur, à Tunis ;

UZAN Sauveur, Négociant, à Tunis ;

VALENZA G. B., fu Antonio, Oléiculteur, à Bou-Ficha ;

VIDAL Camille, Oléiculteur, Président de l'Association des Colons de Pichon ;

VINCENT Gustave, Oléiculteur, à Tébourba ;

WELS, Directeur du Domaine agricole du Chahal de la Cie des Phosphates et du Chemin de Fer de Gafsa, à Chahal ;

YOUNES ben Hadj RABAH, Oléiculteur, à Fériana ;

U. R. S. S.

M. FEDTSCHENKO Boris, Professeur de Botanique appliquée, Jardin Botanique principal, Leningrade

MEMBRES ASSOCIÉS

ALGÉRIE

M. BERTAGNA Jérome, propriétaire, à Bône ;

Mme FEBVRE, à Medjez-Smmar ;

ESPAGNE

M. ALVA SERRANO CARLOS, à Grenade ;

Mmes J. CALMARZA FELER, de Tortoza ;

FRANCE

MM. J. ALEXANDRE, de Nice ;

CELESTIN COQ, d'Aix-en-Provence ;

TUNISIE

MM. BESSIS Maurice, de la *Société Bessis et Guez* à Tunis ;

CASSUTO Fernand, Négociant, à Tunis ;

DUMONT Jacques, à Grombalia ;

GANEM Gaston, à Sousse ;

GUEZ Emile, à Sfax ;

LANATA Andrea, à Sousse ;

LUMBROSO Félix, à Tunis ;

Société HALFON Frères et REYMOND, à Tunis ;

MM. LUMBROSO Max, à Sfax ;

UZAN Albert, à Tunis ;

UZAN Henri, à Tunis.

COMITÉS LOCAUX

de Tunis .... MM. FANET, Contrôleur Civil ;

Si CHADLY el OKBY, Président de la Municipalité de Tunis ;

de Tunis .... MM. CURTELIN, Vice-Président délégué de la Municipalité de Tunis;

Si SALAH EDDINE BACCOUCHE, Caïd de la Banlieue de Tunis;

TROUILLET, Membre de la Chambre d'Agriculture du Nord;

COUDER, Vice-Président de la Chambre de Commerce de Tunis;

TAHAR TOUKABRI, Vice-Président de la Chambre d'Agriculture du Nord;

VICTOR BESSIS, Vice-Président de la Chambre de Commerce Indigène de Tunis;

CAMBLAT, Conseiller agricole de la 2ᵉ Région;

de Sousse .... MM. FORTIER, Contrôleur Civil;

Si ABDEL JELIL ZAOUCH, Caïd-Gouverneur de Sousse;

CLABE HENRI, Vice-Président de la Municipalité de Sousse;

LEROY, Secrétaire de la Chambre mixte d'Agriculture et de Commerce du Centre (Sousse);

MOHAMED BEN ROMDANE, Membre de la Chambre mixte d'Agriculture et du Commerce du Centre (Sousse);

MATHIEU, Régisseur du Domaine de la Société Franco-Africaine à Enfidaville;

LAROZE, Conseiller agricole de la 4ᵉ Région.

de Sfax .... MM. BERTHOLLE, Contrôleur Civil;

Si SALEM SNADLY, Caïd-Gouverneur de Sfax;

ARNOULD H., Vice-Président de la Municipalité de Sfax;

BENA, Vice-président de la Chambre mixte d'Agriculture et de Commerce du Sud (Sfax);

CHARROIN, Membre de la Chambre mixte d'Agriculture et de Commerce du Sud (Sfax);

MOUSSELET, Membre de la Chambre mixte d'Agriculture et de Commerce du Sud (Sfax);

de Sfax . . . . MM. ABDERRAHMANE ELLOUZ, Membre de la
Chambre mixte d'Agriculture et de Commerce
du Sud (Sfax) ;

TAIEB BEN BRAHIM KAMOUN, Membre de
la Chambre mixte d'Agriculture et de Commerce du Sud (Sfax) ;

REY, Inspecteur de l'Agriculture, à Sfax.

PRÉSIDENCE

Président :

M. LOUIS DOP, Vice-Président de l'Institut international d'Agriculture de
Rome, Délégué de la France et de la Tunisie à cet Institut.

Vice-Présidents :

MM. ABD-EL-WAHAB FAHMY, (Egypte) ;

MANUEL PRIEGO, délégué de l'Espagne ;

LELAND L. SMITH, délégué des Etats-Unis ;

PROSPER RAYBAUD, délégué de la France ;

VIVET, délégué de l'Algérie ;

ISAAKIDES, délégué de la Grèce ;

le Professeur PETRI, délégué de l'Italie ;

SINISCALCHI, délégué de la Tripolitaine ;

BEY-ROSET, délégué du Maroc ;

HALLAGE, délégué de la Syrie.

COMMISSARIAT

Commissaire général :

M. ROBINET, Chef du Service de l'Agriculture.

Commissaire général adjoint :

M. VERRY, Inspecteur de l'Agriculture, Adjoint au chef du Service ;

Commissaires :

MM. BESSE, Inspecteur de l'Agriculture ;
CAMBLAT, Conseiller agricole.

SECRÉTATIAT

Secrétaire général :

M. LAVERDET, Sous-Chef du Service de l'Agriculture.

Secrétaire général adjoint :

M. TOURNIEROUX, Inspecteur de l'Agriculture.

Secrétaires :

MM. UNGER, Conseiller agricole.

GRANGER, Conseiller agricole.

INTERPRÉTARIAT ET TRADUCTION

Arabe :

M. SEBBAGH, Conseiller agricole.

Italien :

M. VALENTI.

Espagnol :

M. PASCAL.

LISTE DES RAPPORTS

Section I. — PRODUCTION OLÉICOLE

§ 1. — Statistique de la superficie et de la production

M. RIBEREAU, agriculteur à Takelsa. — *L'extension des plantations d'oliviers en Tunisie pendant l'occupation romaine.*

§ 2. — Etudes géographiques, monographiques et économiques

MM. BIGOURDAN, Conseiller de la 2ᵉ Région. — *Etude géographique, monographique et économique de l'olivier dans le Nord de la Tunisie* (1ʳᵉ région administrative).

CAMBLAT L., Conseiller agricole de la 2ᵉ région. — *Etude monographique, géographique et économique de l'olivier dans le Nord-Est de la Tunisie* (2ᵉ région administrative).

SAUVAGET, Conseiller agricole de la 3ᵉ région. — *Etude géographique, monographique et économique de l'olivier dans les Hauts-Plateaux de Tunisie* (3ᵉ région administrative).

LAROZE H., Conseiller agricole de la 4ᵉ région. — *Etude géographique, monographique et économique de l'olivier dans le Sahel et le Centre tunisien* (4ᵉ région administrative).

REY R., Inspecteur de l'Agriculture à Sfax. — *Etude géographique, monographique et économique de l'olivier dans la région sfaxienne, le Sud et l'Extrême-Sud* (5ᵉ région administrative).

BRICHET, Conseiller agricole, Tizi-Ouzou. — *L'Oléiculture dans les arrondissements de Tizi-Ouzou et de Bougie.*

MANQUENE, Chef du service agricole général, à Oran. — *L'oléiculture dans l'arrondissement d'Oran.*

THOMAS, Chef du service agricole général à Alger; CALCA, Conseiller agricole à Médéa; BOYER, Conseiller agricole à Miliana. — *L'oléiculture dans l'arrondissement d'Alger.*

HALLAGE, Inspecteur de la défense des cultures, Damas. — *Culture de l'olivier en Syrie.*

GALLOIS, Conseiller agricole, Sidi-bel-Abbès. — *L'oléiculture dans la région de Sidi-bel-Abbès.*

RABOT, expert-principal, à Tlemcen. — *L'olivier à Tlemcen.*

§ 3. — Variétés d'olivier — Détermination et classification.
Valeur commerciale et industrielle

MM. PETRI. — *L'étude génétique des variétés d'olivier.*

MINANGOIN, Inspecteur honoraire de l'Agriculture. — *Les variétés d'olives tunisiennes, leur répartition dans les différentes régions.*

COUPIN, Professeur à l'Ecole Coloniale d'Agriculture de Tunis. — *Note au sujet des résolutions adoptées à la 1re session du conseil scientifique international agricole* (C.I.S.A. novembre 1927).

§ 4. — Eléments naturels de la production — Ecologie oléicole

M. GINESTOUS, Directeur du Service Météorologique. — *Expansion de la culture de l'olivier dans les régions arides.*

§ 5. — Répartition géographique des variétés d'oliviers [1]

§ 6. — Meilleures variétés à introduire et à cultiver
dans les différentes zones climatériques, au point de vue de la production
de l'huile et de celle des olives de table [1]

§ 7. — Mode de multiplication de l'olivier

M. GUILLOCHON, Assistant au Service Botanique. — *Les procédés de multiplication de l'olivier dans leurs rapports avec le sol, le climat et les conditions de culture de l'arbre.*

§ 8. — Etablissement des plantations, espacement,
dispositions, cultures intercalaires

MM. UNGER, Oléiculteur à Paviller. — *Méthodes rationnelles de plantation de l'olivier en Tunisie.*

GOLFAND, Agriculteur à Djedeida. — *Notes sur les cultures intercalaires dans les régions sèches de la Tunisie.*

CHARROIN, Membre de la Chambre Mixte du Sud. — *La culture de l'olivier dans les régions sèches de la Tunisie.*

§ 9. — Travaux de culture

MM. TOURNIEROUX, Inspecteur de l'Agriculture, Tunis. — *Les travaux de culture appliqués à l'olivier.*

---

(1) Ce paragraphe n'a fait l'objet d'aucun rapport.

§ 10. — Taille de formation et de fructification.
Recherches sur les meilleurs modes de taille

M. BRICHET, Conseiller agricole, Alger. — *La taille de l'olivier.*

§ 11. — Fumure de l'olivier — Emploi des engrais

M. SOULMAGNON, Professeur à l'Ecole Coloniale d'Agriculture de Tunis. — *La fumure de l'olivier en Tunisie.*

§ 12. — Irrigation de l'olivier

M. BOULAKIA, agriculteur à Soliman. — *L'irrigation de l'olivier dans le Nord de la Tunisie.*

§ 13. — Récolte et conservation des olives

M. SAVERIO JOVINO. — *La récolte des olives et la fabrication de l'huile.*

§ 14. — Recherche des causes influençant, d'une année à l'autre, la production en huile et la teneur en margarine [1]

SECTION Ibis. — PRODUCTION OLÉICOLE

§ 15. — Les maladies de l'olivier

M. PETRI. — *Sur une forme particulière des taches des feuilles de l'olivier.*

CHABROLIN, Professeur à l'Ecole Coloniale d'Agriculture de Tunis. — *Importance économique des maladies de l'olivier en Tunisie.*

BOUCLIER MAURIN, Conseiller agricole à Mascara. — *Les parasites de l'olivier dans l'arrondissement de Mascara.*

PETRI. — *Sur la nécessité des recherches phytopathologiques sur l'olivier.*

§ 16. — Les insectes et autres parasites de l'olivier

MM. PAGLIANO, Professeur à l'Ecole Coloniale d'Agriculture de Tunis. — *Les insectes de l'olivier.*

---

[1] Ce paragraphe n'a fait l'objet d'aucun rapport.

MM. DELASSUS, Inspecteur de la défense des cultures, Alger. — *Les ennemis de l'olivier.*

§ 17. — Lutte contre la mouche de l'olive

SERVICE DE DEFENSE DES CULTURES DU MAROC. — *Essai de lutte contre la mouche de l'olive.*

§ 18. — Moyens de défense

contre les maladies et les autres ennemis de l'olivier [1]

§ 19. — Intervention et aide de l'Etat

dans la mise en valeur des peuplements d'oliviers sauvages

MM. VIVET, Inspecteur du Service agricole général et de l'Expérimentation agricole d'Algérie. — *La mise en valeur des peuplements d'oliviers sauvages et les encouragements à la plantation des oliviers en Algérie.*

BESSE H., Inspecteur de l'Agriculture, Tunis. — *Rôle de l'Etat dans la conservation des peuplements d'oliviers en Tunisie et dans la lutte contre les parasites.*

MM. PETRI. — *Proposition de rédaction d'une bibliographie de l'olivier.*

LABAT, Inspecteur de la Ghaba. — *Organisation du Service de la Ghaba du Nord.*

ISAAKIDES, Directeur du service phytopathologique à Athènes. — *Intervention et aide de l'Etat dans la défense contre les maladies et ennemis de l'olivier.*

SAVERIO JOVINO. — *Les stations de recherches oléicoles.*

Section II. — INDUSTRIE OLÉICOLE

§ 1. — Procédés modernes d'extraction des huiles d'olives
et matériel moderne d'huilerie

MM. ROUSSEAU, Professeur à l'Ecole Coloniale d'Agriculture de Tunis. — *Les améliorations à apporter à l'extraction de l'huile d'olive en Tunisie.*

HUSSON, Professeur à l'Institut agricole d'Algérie. — *Procédés modernes d'extraction des huiles et matériel moderne d'huilerie.*

Isaac de A. COHEN. — *Fabrication de l'huile.*

le Dr Antonio FERRARA, Professeur de technologie. — *L'industrie oléicole dans les possessions de la Méditerranée.*

---

(1) Ce paragraphe n'a fait l'objet d'aucun rapport.

§ 2. — Installation et équipements rationnels d'une huilerie

M. CLAVEL, Ingénieur des Améliorations agricoles. — *L'installation et l'équipement rationnels d'une huilerie.*

§ 3. — Extraction des huiles de grignons

MM. CHASSAING, Chef de travaux au laboratoire des services administratifs et de la répression des fraudes, à Sfax (Tunisie). — *Production, utilisation et commerce des huiles de grignons en Tunisie.*

LUISADA, Ingénieur-constructeur, à Tunis. — *Nettoyage des olives au moyen d'une nettoyeuse.*

§ 4. — Raffinage des huiles [1]

§ 5. — Conservation des huiles

M. MARCILLE, Chef du Laboratoire des services administratifs et de la répression des fraudes. — *Action de l'huile sur les mortiers.*

§ 6. — Conserves d'olives

MM. HALLAGE, VIDAL. — *Conservation des olives.*

§ 7. — Mesures législatives concernant les coopératives oléicoles

MM. GRANGER, Conseiller Agricole. — *Les coopératives oléicoles en Tunisie.*

RABOT. — *Les coopératives oléicoles de Tlemcen.* (Voir rapport du § 2, section 1).

SECTION III. — COMMERCE DES HUILES
ET DES CONSERVES D'OLIVES

§ 1. — Définition et dénomination des qualités d'huiles

M. MARCILLE, Chef du Laboratoire des Services administratifs et de la répression des fraudes. — *Dénomination et définition des qualités d'huiles d'olives.*

---

(1) Ce paragraphe n'a fait l'objet d'aucun rapport.

§ 2. — Analyse des huiles et répression des fraudes [1]

§ 3. — Organisation du commerce des huiles d'olives

MM. BESSIS VICTOR, Vice-Président de la Chambre de Commerce du Nord. — 1° *Définition et dénomination des qualités d'huiles d'olives;* 2° *Fraudes des huiles;* 3° *Le commerce des huiles.*

ISAAC DE A. COHEN, Industriel à Sfax. — *Fabrication et commerce des huiles.*

§ 4. — Mesures législatives et administratives
concernant le commerce des huiles d'olives

MM. GENEVAY, oléiculteur et négociant; JOURDAN, négociant en huiles et REYMOND, Membre de la Chambre de Commerce Française. — *La défense de l'huile d'olives.*

CARLI, Chef d'industrie oléicole à Oneglia. — *Communication.*

---

(1) Ce paragraphe n'a fait l'objet d'aucun rapport.

SÉANCE D'INAUGURATION

(Tunis, vendredi 26 octobre 1928, soir)

La plupart des congressistes arrivés à Tunis le vendredi 26 octobre, ont été reçus par les fonctionnaires du Commissariat et du Secrétariat et installés par les soins de l'Agence Hignard de Tunis dans les principaux hôtels de la Capitale, *Tunisia-Palace, Majestic-Hôtel,* etc.

Une grève inopinée, qui a provoqué l'arrêt momentané des communications maritimes avec la France, a retenu à Marseille quelques congressistes, et le Résident général lui-même. Le Comité d'organisation a dû, en présence de cet événement, apporter une légère modification au programme établi. Il a reporté au lundi 29 octobre la séance solennelle d'ouverture que devait présider le Résident général en personne et une séance inaugurale est tenue le vendredi 26 octobre à 15 heures, au Palais des Sociétés Françaises, siège du Congrès, sous la présidence de M. Bonzon, Ministre Délégué à la Résidence générale, en présence de nombreuses notabilités de l'Administration, de l'Agriculture, du Commerce et de l'Industrie et des Congressistes présents à Tunis.

M. BONZON prononce l'allocution suivante :

MESSIEURS,

En l'absence de M. Lucien Saint, Ministre Résident général de la République française en Tunisie, j'ai le grand honneur de saluer, au moment où vont s'ouvrir les assises du IXe Congrès international d'Oléiculture, Messieurs les Délégués des Gouvernements et les Congressistes qui ont bien voulu répondre à notre appel.

Les circonstances nous obligent de reporter à lundi prochain, 29 courant, la séance solennelle de votre réception, à laquelle M. Lucien Saint se fait un honneur et un devoir d'assister.

Mais la Commission d'Organisation a estimé, à juste titre, que ce contretemps regrettable ne devait pas empêcher vos travaux de se dérouler conformément au programme établi. Vous pouvez donc, Messieurs, vous mettre, dès aujourd'hui, résolument à l'œuvre.

Le nombre des congressistes, parmi lesquels se trouvent les plus hautes personnalités du monde oléicole, la multiplicité et l'intérêt des questions qui devront être envisagées et discutées au cours de vos travaux signalent, d'ores et déjà, le IX° Congrès international d'Oléiculture comme une très importante manifestation, dont la Tunisie sera la première à retirer les plus précieux enseignements. En son nom, je tiens à vous dire toute notre gratitude.

L'Assemblée réunie ce soir se propose de désigner le Président et les Membres du Bureau du Congrès, ainsi que les Bureaux des Sections. Je crois répondre aux vœux de tous en proposant à votre choix, pour la présidence effective, M. Louis Dop, vice-président de l'Institut international d'Agriculture de Rome, délégué de la France et de la Tunisie à cet Institut. Sa distinction, sa compétence, que vous avez eu si souvent l'occasion d'apprécier, seront, pour vos travaux, la meilleure garantie du succès.

(Applaudissements et marques unanimes d'approbation).

La candidature de M. Louis Dop étant agréée, je lui cède le fauteuil de la présidence.

M. Louis DOP.—Je tiens tout d'abord à remercier M. le Ministre d'avoir bien voulu présider à l'inauguration de nos travaux et à vous dire, en même temps, Messieurs, combien je suis touché de la confiance et de la sympathie que, par avance, vous voulez bien me témoigner. Je n'ai, Messieurs, à vos yeux, qu'un seul titre : celui d'avoir l'habitude des réunions internationales et d'avoir acquis ainsi une certaine expérience. Vous me permettrez aussi de penser que mon titre de délégué permanent de la Tunisie à l'Institut international d'Agriculture a pu paraître à vos yeux une justification de ma nomination. Je suis touché de la marque de sympathie que M. le Délégué à la Résidence, M. Bonzon, ainsi que M. Lescure, ont bien voulu me témoigner et je fais appel à toute votre indulgence et à votre bienveillance pour me permettre de sortir avec plein succès de la tâche délicate que vos suffrages viennent de me confier.

Je croirais manquer à mon devoir si je n'exprimais notre reconnaissance au Comité d'organisation et à son Président, M. Lescure, Directeur général de l'Agriculture, du Commerce et de la Colonisation, ainsi qu'aux Présidents des diverses Chambres de Commerce et d'Agriculture de Tunis, de Sousse, de Sfax et de Bizerte, ainsi également qu'aux distingués fonctionnaires qui ont réglé l'organisation et le fonctionnement de ce Congrès, en vue de lui assurer le succès le plus complet.

Nous regrettons tous l'absence de M. le Résident général, mais elle durera peu, et nous sommes unanimes à espérer que son retour sera prochain pour nous permettre de lui apporter l'expression de notre déférence, lors de sa venue, et de notre reconnaissance pour l'intérêt qu'il a pris à l'organisation de ce Congrès.

Je fais donc encore appel à votre bienveillance et vous demande de faciliter ma tâche, vous promettant, de mon côté, de diriger vos débats avec l'impartialité qu'il faut dans les débats internationaux et qui est de tradition dans tous les Congrès.

Je remercie à nouveau M. Bonzon de l'intérêt qu'il nous porte et je pense qu'il voudra bien suivre nos travaux pendant la durée de ce Congrès.

La séance est suspendue pendant quelques minutes.

A la reprise, M. Louis Dop, président, donne lecture du programme des travaux du Congrès· A la demande de plusieurs Congressistes, qui ont attiré son attention sur le nombre et l'importance des questions à traiter par la première section, il propose de scinder ces questions en deux parties : la Section I examinera celles qui concernent plus spécialement la culture de l'olivier; la Section I bis se réservera celles qui sont relatives aux ennemis de l'olivier, aux moyens de défense et aux mesures législatives et administratives prises en vue de sa protection. Cette division est adoptée.

LE PRÉSIDENT expose la nécessité de procéder à la formation du Bureau du Congrès et des Bureaux des Commissions et à la constitution de ces Commissions elles-mêmes.

Comme suite aux conversations cordiales et de bonne entente qui ont eu lieu entre les délégations officielles présentes, et d'autre part, pour éviter une perte de temps considérable, étant donné surtout que beaucoup de Congressistes ne se connaissent pas, le Président propose :

1° De désigner comme Vice-Présidents du Congrès les membres ci-après des délégations officielles présentes :

Egypte. — M. Abd-el-Wahab FAHMY.

Espagne. — M. Manuel PRIEGO.

Etats-Unis. — M. Leland L. SMITH.

France. — M. Prosper RAYBAUD.

Algérie. — M. VIVET.

Grèce. — M. ISAAKIDÈS.

Italie. — M. le Prof. PETRI.

Tripolitaine. — M. SINISCALCI.

Maroc. — M. BEY-ROZET.

Syrie. — M. HALLAGE.

2° De constituer comme suit les Bureaux des diverses Commissions:

1re Section

Président :

M. BILBAO, Délégué de l'Espagne à l'Institut international d'Agriculture.

Vice-Présidents :

MM. Le Prince CHIGI-ALBANI, Propriétaire-oléiculteur à Rome;

Manuel PRIEGO, Inspecteur des Ingénieurs Agronomes à Madrid;

GOUNOT, Président de la Chambre d'Agriculture de Tunis;

LAKDAR ben ATTIA, Président de la Chambre d'Agriculture Indigène de Tunis;

LEONI, Chef du Service agricole, à Tripoli;

MINANGOIN, Inspecteur honoraire de l'Agriculture, à Tunis.

Secrétaires Rapporteurs :

MM. BEY-ROZET, Inspecteur de l'arboriculture, à Rabat;

COUPIN, Professeur d'Agriculture à l'Ecole coloniale d'Agriculture de Tunis;

TOURNIEROUX, Inspecteur de l'Agriculture à Tunis;

BRICHET, Conseiller agricole, chargé de l'arboriculture, à Alger.

1re Section *bis*

Président :

M. le Professeur PETRI, Directeur de la Station de Pathologie végétale, à Rome;

Vice-Présidents :

MM. VIVET, Inspecteur du Service Agricole et de l'Expérimentation, à Alger;

DI MEDICI, Commissaire Royal de la Société des Oléiculteurs, à Rome;

DIACONO, Vice-Président de la Chambre mixte d'Agriculture et de Commerce de Sousse;

Mohamed ben ROMDANE, Vice-Président Indigène de la Chambre mixte d'Agriculture et de Commerce de Sousse;

RUIZ FERNANDEZ-MOTA, Directeur de l'Institut Supérieur d'Oléiculture de Bueza (Espagne) ;

BŒUF, Chef du Service Botanique, à Tunis.

Secrétaires Rapporteurs :

MM. CAGNO, Chef du Bureau Foncier, à Tripoli;

PAGLIANO, Professeur de Zoologie à l'Ecole coloniale d'Agriculture de Tunis;

CHABROLIN, Professeur de Botanique à l'Ecole coloniale d'Agriculture de Tunis.

2ᵉ Section

Président :

MM. CONSTANTIN A. ISAAKIDES, Directeur des Services Phytopathologiques, à Athènes.

Vice-Présidents :

MM. BOVIS, Vice-Président de la Société nationale d'Oléiculture de France;

CALMARZA, Directeur de la Station d'Oléiculture de Tortosa;

BOUCHER, Président de la Chambre mixte d'Agriculture et de Commerce de Sfax;

ABDERRAHMAN ELLOUZ, Vice-Président indigène de la Chambre mixte d'Agriculture et de Commerce de Sfax.

Secrétaires Rapporteurs :

MM. HUSSON, Professeur de Technologie à l'Institut agricole d'Algérie;

ROUSSEAU, Professeur de Technologie à l'Ecole coloniale d'Agriculture de Tunis;

CORDIER, Professeur de Génie rural à l'Ecole coloniale d'Agriculture de Tunis.

3ᵉ Section

Président :

M. REYBAUD, Délégué de la Société nationale d'Oléiculture de France;

Vice-Présidents :

MM. VIEDMA, Chef de la Station agronomique de Jaen;

VENTRE, Président de la Chambre de Commerce française de Tunis;

REYCOUDIER, Président de la Chambre de Commerce de Bizerte;

MM. GIOCOLI, Membre du Comité de Colonisation de la Tripolitaine;

MARCILLE, Chef du Laboratoire des Services administratifs et de la répression des fraudes, à Tunis.

Secrétaires Rapporteurs :

MM. CHASSAING, Chef de travaux au laboratoire des services administratifs et de la répression des fraudes, à Sfax (Tunisie) ;

SOULMAGNON, Professeur de Chimie agricole à l'Ecole coloniale d'Agriculture de Tunisie.

En l'absence de M. ROBINET, chef du Service de l'Agriculture, qui, après avoir préparé l'organisation du Congrès, se trouve éloigné par la maladie, le Commissariat général sera assuré par M. VERRY et par ses collaborateurs, MM. BESSE, CAMBLAT, COMOY, à qui MM. les Congressistes devront s'adresser pour tout ce qui concerne l'orgasation générale.

Le secrétariat général du Congrès est confié à M. LAVERDET, secrétaire général de la Commission d'organisation et à ses collaborateurs MM. TOURNIÉROUX, GRANGER et SAUVAGET.

A l'unanimité, l'Assemblée approuve les désignations proposées.

LE PRÉSIDENT donne ensuite lecture des télégrammes de MM. Frazotti, Manuel Priego, Pélissier qui s'excusent de ne pouvoir assister à la séance d'ouverture du Congrès.

Avant de lever la séance, M. Louis DOP prie les membres du Bureau du Congrès, les Présidents, Vice-Présidents et rapporteurs des Commissions de se réunir immédiatement dans une des salles du premier étage pour un échange de vues sur la méthode de travail à adopter·

Le Congrès comprenant plusieurs Commissions, il pourrait y avoir des doubles emplois· Afin d'éviter la dispersion des efforts, le Président demande aux membres des diverses Commissions de se réunir tous les jours pour se rendre compte des travaux effectués et des vœux adoptés dans chaque Commission.

LE PRÉSIDENT remercie les Congressistes de leur bienveillante attention et de la sympathie qu'ils ont bien voulu lui témoigner et les invite à se faire inscrire dans les Commissions qui les intéressent.

La séance est levée à dix-sept heures.

SÉANCE DES COMMISSIONS

RÉUNION GÉNÉRALE PRÉPARATOIRE

(Tunis, vendredi 26 octobre, dix sept heures quinze)

M. Louis Dop, président.

Messieurs,

J'ai eu l'honneur de vous dire tout à l'heure qu'il était indispensable que nous échangions nos vues et nos renseignements de façon à permettre à nos diverses sections de fonctionner sans à-coup, pour faire, dans un minimum de temps, un travail utile et efficace.

En premier lieu, chaque fois qu'un membre du Congrès prendra la parole, je prie les Présidents des Commissions de noter le nom de l'orateur pour qu'il n'y ait pas erreur sur l'identité de la personne qui parle.

D'autre part, beaucoup de congressistes ont manifesté le désir, que je trouve tout naturel, de participer à plusieurs Commissions. Certains pays ne sont représentés que par une seule personne et il est de toute nécessité que ces personnes puissent participer aux travaux de plusieurs Sections. Il serait donc très utile que les Sections se réunissent les unes après les autres, une seule Section travaillant à la fois. Si ceci est admis, il faudra, bien entendu, que chaque Section accélère ses travaux. Pour cela, les congressistes ayant à présenter un rapport ou intervenant dans une discussion voudront bien limiter leurs interventions au minimum possible.

Je pose donc deux principes :

1° Réunion d'une seule Commission à la fois;

2° Limitation des interventions au minimum.

M. Bilbao. — Je suis d'accord avec ces principes, mais nous devons être libres mercredi après-midi pour commencer nos excursions. Nous n'avons donc que cinq séances pour les trois Sections. Est-ce suffisant ?

Le Président. — L'observation de M. Bilbao est justifiée, mais les principes posés sont modifiables suivant l'avancement des travaux. Il est évident que si dans l'une des Commissions les rapports sont trop nombreux, ces principes devront subir des modifications.

M. LAVERDET· — Nous avons fait faire autant que possible un résumé des communications. Il ne nous a pas été possible de les résumer toutes, puisque certains rapports ne nous sont arrivés qu'assez tard. Nous en avons même encore reçu aujourd'hui. Il ne nous est donc pas possible de vous remettre la collection complète. Je pense que, demain matin, nous pourrons remettre à tous les Congressistes presque tous les rapports, de sorte qu'au début de la séance, en vous mettant au travail, vous aurez en mains la plus grande partie des rapports.

LE PRÉSIDENT. — Il reste donc entendu que le principe de la réunion d'une seule Commission à la fois peut subir des dérogations de la part des Commissions qui restent maîtresses de la direction de leurs travaux·

M. MARCILLE. — Ne pourrait-on pas dès maintenant répartir les rapports ?

M. LAVERDET. — Nous ne les avons pas tous encore et il nous faudra presque toute cette nuit pour en faire le triage.

M. MARCILLE. — Nous pourrions faire la répartition d'après les titres·

M. LAVERDET. — Nous remettrons à chacun des Présidents des Commissions la liste complète de tous les rapports, liste qui ne peut être mise à jour que maintenant, puisque des rapports nous arrivent encore.

LE PRÉSIDENT. — Messieurs, nous pourrions déjà voir par la liste des rapports que j'ai sous les yeux, quelle serait l'étendue du travail de chacune des Commissions.

(Lecture de la liste des rapports, voir tome 1, page 37.)

Il est bien entendu que seuls feront l'objet d'une discussion les rapports qui sont suivis comme conclusions de résolutions ou de vœux, ceux ayant simplement trait à une étude historique ou géographique, devant être simplement insérés dans le compte-rendu général·

Il y aurait lieu, pour la Section I (Production agricole), que nous avons scindée en deux parties, de répartir les sujets entre la Section I et la Section I bis.

M. Bilbao. — Il y a lieu de remarquer que les numéros 19 et 20 se réfèrent tous à des numéros antérieurs, et rentrent par conséquent aussi bien dans la Section I que dans la Section I bis.

Le Président. — Pour les numéros 19 et 20, nous pourrions faire une réunion plénière des deux Sections.

(Approuvé).

M. Laverdet. — Le nombre total des rapports actuellement déposés est de 54 : 26 pour la Section I, 12 pour la Setion I bis, 11 pour la Section II et 5 pour la Section III.

M. Marcille. — Chaque Président de Section pourrait voir les rapports qui seraient à porter en discussion. Les autres seraient insérés au rapport général. Les Présidents et les Commissions verraient ceux qui valent la peine d'être lus en séance. Il faudrait que ceci soit fait à l'avance pour établir un emploi du temps.

M. Laverdet. — Ce sera le premier travail de la Commission, demain matin. Mais je vous signale que je suis dans l'impossibilité absolue de vous donner la collection complète des rapports. Or, parmi ceux arrivés en dernière heure, émanant, notamment de congressistes étrangers, il en est dont l'intérêt est primordial. Je vous prie de vouloir bien attendre jusqu'à demain matin.

Le Président. — La liste des rapports et les rapports pourront être remis aux Présidents de chacune des Commissions qui, sur le vu de la nomenclature et sur le vu des rapports, détermineront ceux qui devront être discutés et ceux qui devront faire simplement l'objet d'un petit résumé, ou figurer dans les comptes rendus du Congrès.

Nous commencerions, samedi matin, par la réunion de la Section I, et, l'après-midi, aurait lieu la réunion de la Section I bis.

Il est bien entendu que chacune de ces Sections continuera son travail si elle le croit nécessaire.

M. Marcille. — Il pourrait y avoir demain matin réunion du Bureau des trois Commissions pour examiner les programmes.

Le Président. — Les Présidents des Commissions pourront, en effet, se réunir demain matin et faire entre eux la répartition des rapports.

(Adopté).

Les Présidents des trois Commissions se réuniront à neuf heures et la réunion de la première Section aura lieu à neuf heures et demie.

La presse publiera demain matin la liste des rapports. Vous aurez donc là un moyen d'information assez complet.

Personne ne demandant la parole, le Président déclare la séance levée.

SÉANCE SOLENNELLE

(Lundi 29 octobre 1928)

La séance solennelle d'ouverture, différée par suite du retard des courriers de France, a lieu, le lundi 29 octobre, à 17 h. 30, au Théâtre municipal de Tunis, sous la présidence de M. LUCIEN SAINT, Ministre résident général.

Le Résident général est accompagné de :

MM. le Général YOUNÈS HADJOUJ, Directeur du protocole, représentant S. A. le Bey; le Général LAIGNELOT, commandant supérieur des Troupes de Tunisie; S. M. Mgr. LEMAITRE, Archevêque de Carthage, Primat d'Afrique; Si KHELIL BOUHAGEB, Premier Ministre; Si TAHAR KHEREDDINE, Ministre de la Justice; Si El HADI LAKHOUA, Ministre de la Plume de S. A. le Bey; MM. A. GAUDIANI, Vice-Président de la Section Française du Grand Conseil; MOHAMED CHENIK, Vice-Président de la Section indigène; CHADLY EL OKBY, Président de la Municipalité de Tunis; LESCURE, Directeur général de l'Agriculture, du Commerce et de la Colonisation, Président de la Commission d'organisation du Congrès; GOUNOT, Président de la Chambre d'Agriculture française du Nord; VENTRE, Président de la Chambre de Commerce française de Tunis; REYCOUDIER,, Président de la Chambre de Commerce de Bizerte; CRANCIER, Directeur général des Finances; FAVIÈRE, Directeur général adjoint des Travaux publics; LE THEUF, représentant le Directeur général de l'Intérieur; CATAT, Chef du Cabinet civil du Résident général; le Colonel COURTOT, Chef du Cabinet militaire,

Auprès du Résident général prend place M. LOUIS DOP, président du Congrès, et sur la scène se trouvent également les Chefs des délégations des pays représentés :

MM. ABDEL WAHAB FAHMY (Egypte), MANUEL PRIEGO (Espagne), LELAND L. SMITH (Etat-Unis), PROSPER RAYBAUD (France) ; VIVET (Algérie), ISAAKIDÈS (Grèce), Prof. PETRI (Italie), SINISCALCHI (Tripolitaine), BEY-ROSEZ (Maroc), HALLAGE (Syrie), BILBAO (Institut international d'Agriculture), le Commissaire général du Congrès, M. VERRY et le Secrétaire général du Congrès, M. LAVERDET.

Dans la salle sont présents les consuls généraux des pays intéressés, MM. MAC LEOD (Grande Bretagne), DON JUAN POTOUS (Espagne), MOMBELLI (Italie), CONSTANDOPOULO (Grèce) ; des représentants des corps élus, des administrations publiques et privées, des associations agricoles et tous les congressistes, qui forment une assistance nombreuse.

La cérémonie ne comporte que des discours qui, tous, sont salués d'applaudissements. Il convient, en effet, d'en signaler l'importance. Ils constituent, dans leur ensemble, un magnifique tableau de la collaboration féconde des nations en vue de l'accroissement de la production, qui doit avoir pour résultats l'amélioration du sort de l'humanité et celle de la paix du monde, dont l'olivier est le symbole. Dans ce tableau vient s'intégrer, en s'y harmonisant, l'œuvre de colonisation accomplie par la France en Tunisie et, notamment, le développement des plantations d'oliviers qui a justifié le choix de la Régence comme siège du IX⁰ Congrès international d'oléiculture.

Successivement, prennent la parole M. Lucien Saint, Résident général, M. Gounot, Président de la Chambre d'Agriculture française du Nord ; M. Mohamed Chenik, Président de la Chambre de Commerce indigène de Tunis ; M. Ventre, Président de la Chambre de Commerce française de Tunis ; M. Louis Dop, délégué de l'Institut international d'Agriculture, Président du Congrès ; M. Prosper Raybaud, délégué du Ministre de l'Agriculture et de la Société Nationale d'Oléiculture de France ; M. le Prof. Petri, délégué de l'Italie ; M. Manuel Priego, délégué de l'Espagne ; M. Isaakidès, délégué de la Grèce.

Discours de M. Lucien Saint

Ministre Résident général

MESSIEURS,

Le devoir est agréable au représentant de la République, en Tunisie, de saluer, au nom de S.A. le Bey et du Gouvernement du Protectorat, les membres du IX⁰ Congrès international d'oléiculture qui vient d'ouvrir ses travaux.

Je remercie, tout spécialement, d'avoir bien voulu accepter d'être nos hôtes MM. les représentants des pays amis, Egypte, Espagne, Etats-Unis, Grèce, Italie, Portugal, les membres de la délégation métropolitaine, de la Société nationale d'oléiculture de France, les délégués de l'Algérie, du Maroc et de la Syrie.

La Tunisie apprécie hautement l'honneur qui lui échoit de recevoir chez elle tant de savants et d'économistes éminents, spécialisés dans l'étude d'une branche importante de la production agricole mondiale.

Si l'éclatant succès de la Semaine Agricole, qui s'est tenue à Tunis, au mois d'avril dernier, a permis à nos visiteurs étonnés, de rendre hommage aux progrès réalisés dans la culture des céréales et dans l'élevage, le IX° Congrès d'oléiculture sera, pour nous, l'occasion de mettre sous vos yeux le développement de nos plantations et de notre outillage oléicoles. Ce pays, dont l'oléiculture est un des principaux éléments de richesse, est, par cela même, appelé, plus que tout autre, à tirer profit de vos recherches et de vos études et c'est, assurément là, la raison pour laquelle le Comité permanent de l'Institut international d'agriculture de Rome, — et nous l'en remercions vivement — a tenu qu'il soit désigné, cette année, comme siège de vos assises.

Je suivrai, avec la plus vive attention, vos discussions sur les méthodes de culture rationnelle de l'olivier, sur leur adaptation à nos conditons locales, sur les procédés les plus perfectionnés de la fabrication de l'huile et sur toutes les questions économiques d'ordre international, que soulève le commerce de ce produit.

Grâce à vos délibérations et à la mise en commun de notre activité, la Tunisie poursuivra, avec plus d'élan et avec une plus grande connaissance, l'effort méthodique de la France vers la reconstitution et le développement de l'antique oliveraie de la Byzacène romaine.

En 1881, quelques rares vestiges seulement demeuraient de ce qui avait été l'une des richesses du pays. Vous connaissez la longue histoire de la ruine de ces contrées : la résistance désespérée des Berbères aux envahisseurs du VII° siècle, la Kahena incendiant la riche forêt pour faire le vide devant l'ennemi, puis l'invasion dévastatrice du XI° siècle, la destruction systématique des arbres et des maisons faisant place aux pacages et à la tente du pasteur nomade.

Plus tard, les Berbères tentèrent de reconstituer quelques plantations, notamment dans le Sahel de Sousse. Les immigrants andalous plantèrent, au XVI° siècle, dans le Nord de la Régence; vers 1510, la forêt recommençait à couvrir de son feuillage argenté les steppes de Sfax, grâce aux efforts d'une population indigène intelligente et laborieuse, qui s'était transmis de génération en génération le goût et la méthode de cette culture. C'est ainsi qu'en 1881 existait une forêt disséminée dans la Régence, en partie composée d'arbres millénaires : trois millions de pieds, autour des gros villages du Sahel; 360.000 dans le Sud, quelques centaines de mille dans le Nord.

Ce sont les restes épars de cette oliveraie qui suggérèrent à l'un des hommes dont le nom doit être sans cesse présent au milieu de nos travaux, le premier directeur de l'Agriculture, Paul Bourde, la magnifique initiative qui est la cause de notre réunion. Initiative d'autant plus courageuse qu'elle visait un résultat lointain, dont tous les effets ne sont point encore apparus. Le secret des steppes tunisiennes du Sud, que Bourde parcourait inlassablement, se révéla soudain à lui, en 1892. Il comprit que cette terre n'était pas morte comme on l'avait prétendu, que les conditions naturelles du sol et du climat étaient demeurées les mêmes; les hommes seuls avaient détruit sa richesse et seuls ils pouvaient la reconstituer. Et cette richesse, Paul Bourde démontra qu'elle n'était autre que l'olivier. Le Gouvernement entra résolument dans cette voie. Il aida puissamment ceux qui eurent confiance. Les capitaux et les colons français, alliés étroitement, par l'original contrat de mgharsa, à une main-d'œuvre indigène, laborieuse et experte, accomplirent le miracle annoncé. Il vous sera donné de le constater quand, du haut du signal de Touil-Cheridi, vous contemplerez l'inoubliable spectacle des longues rangées d'oliviers s'étendant à l'infini, rectilignes et soignées comme les allées d'un parc.

Les excursions prévues au programme du Congrès, complément indispensable de vos séances, montreront à vos regards avertis les traces de la fortune que ce sol a due autrefois à l'olivier. Elles vous permettront aussi de constater la vigueur du mouvement de régénération de notre oléiculture et de notre oléifacture, réalisé en moins de trente ans de Protectorat français.

Messieurs, ce qu'il convient surtout de signaler, c'est la particulière qualité de l'huile d'olive tunisienne. Jeune, elle est encore ensevelie dans un silence dédaigneux, — comme une jeune fille accomplie, mais sans dot — et sa dot ce sera un nom éclatant, une « marque » qui la fera connaître à l'égal des crûs les mieux cotés de l'oléiculture.

A quoi tient la supériorité de l'huile tunisienne ? A la perfection de sa fabrication. On la fabriquait, il y a cinquante ans, à l'aide de moyens extrêmement rudimentaires : le pressoir, actionné par un levier à bras d'homme, quelque lourd tronc de dattier millénaire. Aujourd'hui, partout se sont élevées des huileries modernes, européennes et indigènes, de véritables usines, — et cette régénération de l'oléifacture, Messieurs, ne manquera pas de vous frapper. Il nous plaît de voir, dans cette accoutumance rapide de l'indigène à nos méthodes, un témoignage nouveau de la collaboration active et fraternelle du Gouvernement du Protectorat.

Dirai-je encore ce que nous faisons pour développer la prospérité de l'oléiculture tunisienne ? Vulgarisation des procédés rationnels de taille, greffage des oliviers, distribution de souchets, étude scientifique des variétés d'oliviers, des méthodes de culture, de fumure, d'irrigation, lutte contre les ennemis de l'olivier (la mouche, le neïroun, etc...), création de laboratoires de recherches, et d'huileries expérimentales, tels sont les principaux témoignages d'une constante préoccupation.

Le Gouvernement du Protectorat n'a pas manqué, non plus, de protéger les huiles tunisiennes contre toute adultération et de sauvegarder leur réputation au dehors par une législation renouvelée de celle qu'ont adoptée en pareille matière la France et l'Algérie, voire par des mesures plus rigoureuses encore, puisqu'elles vont jusqu'à interdire l'addition à l'huile d'olive d'huiles d'une autre origine. Un contrôle sévère, à l'exportation, constitue une garantie efficace contre la fraude et donne toute sécurité à notre clientèle internationale.

Messieurs, si le Protectorat s'étend, avec quelque fierté, sur le succès de l'œuvre accomplie, ce n'est pas pour s'immobiliser dans une stérile satisfaction de soi-même. Dans des conditions économiques différentes de celles d'hier, mais très favorables encore, un vaste champ s'ouvre à l'activité courageuse de nos colons et à l'audace de nos capitaux.

Aujourd'hui, l'immense forêt d'oliviers de Sfax est l'un des plus précieux joyaux de l'agriculture tunisienne, l'orgueil de notre Protectorat. La Tunisie se classe parmi les plus importants pays oléicoles du bassin méditerranéen avec ses millions d'arbres en plein rapport. Notre oliveraie s'étendra dans l'avenir bien au-delà de ses limites actuelles, vers des terres encore semi-désertiques, physiquement et climatologiquement analogues à celles de Sfax. Les ventes, par le Domaine de l'Etat, de « terres à planter », se poursuivent régulièrement : plus de 100.000 hectares ont été cédés pendant les 10 dernières années. Les lotissements d'oliviers sauvages développeront la production dans le Nord. Les prêts à long et à moyen terme de la mutualité agricole et de l'Office public de crédit agricole indigène, la création d'huileries coopératives constituent, pour les petits agriculteurs, d'efficaces encouragements à de nouvelles plantations. L'œuvre, donc, est loin d'être terminée et je ne saurais trop vous remercier, une fois encore, du précieux concours que vous nous apportez en vue des réalisations de demain.

« Nourris donc l'olivier fertile, gage de la Paix », avait dit Virgile. L'arbre de Pallas, l'olivier méditerranéen, Messieurs, n'a pas cessé d'être l'arbre de la paix. Il l'est en Tunisie; sous la paix romaine, il avait couvert notre sol de son ombre et fait sa prospérité. Les guerres, les invasions, l'insécurité intérieure et extérieure l'ont détruit; et avec lui a disparu la richesse d'une partie de la Tunisie. Il renaît aujourd'hui, jeune, vigoureux, chargé de fruits, parce que sous le Protectorat de la France, tous les éléments de la population, Français, Indigènes, Etrangers, conscients de leur intime solidarité, travaillent d'un même cœur, dans la concorde et dans la paix.

Vous qui, venus de toutes les parties du bassin méditerranéen, terre d'élection de l'olivier, avez mis en commun, par dessus les frontières, votre science, votre expérience et votre bonne volonté pour la culture de l'arbre précieux, soyez les bienvenus en Tunisie.

Discours de M. Gounot

Président de la Chambre d'Agriculture du Nord

MONSIEUR LE MINISTRE,

MESSIEURS,

Mes premières paroles seront pour remercier, au nom de la Chambre d'Agriculture Française du Nord et des agriculteurs, les diverses Nations qui ont bien voulu choisir la Tunisie comme siège du IXe Congrès international d'oléiculture.

C'est un honneur qui nous a été fait, car la Régence de Tunis est un bien petit pays, dont la population totale n'atteint pas celle d'une des grandes capitales européennes; nous en ressentons la valeur, mais nous croyons le mériter par la place importante que nous avons faite à l'olivier, dans toutes les régions de notre territoire, et aussi par les plantations nouvelles qui se poursuivent à un rythme accéléré.

L'olivier est un arbre qui peut devenir millénaire, et les traditions populaires font aisément remonter certaines plantations à des époques historiques reculées; en Tunisie, les vieux oliviers sont dits « romains » et en Sicile, on les appelle « sarrasins ».

En ce qui concerne le territoire dont nous foulons le sol, il est hors de doute que les civilisations, qui s'y sont succédé, ont développé les oliveraies, tandis que ces dernières se raréfiaient dans les époques d'invasion ou de guerre civile.

C'est ainsi qu'on explique la présence d'innombrables pressoirs à huile dans des régions si arides, qu'elles se sont dépeuplées depuis qu'a diparu l'arbre auquel elles devaient leur prospérité.

Malgré ces dévastations, quelques vieilles traditions culturales se sont conservées, traditions si précieuses qu'il a suffi de les utiliser pour connaître à nouveau la réussite.

A vrai dire, et contrairement à ce que l'on croit trop souvent, l'olivier a des besoins en eau considérables; sa rusticité légendaire est relative, puisque dans les régions pluvieuses du Nord, on l'irrigue volontiers afin d'accroître les rendements. Cette réputation de rusticité tient surtout au fait qu'il peut utiliser, en toute saison, les ressources mises à sa disposition, et, quand l'humidité fait défaut, il ne meurt pas, mais cesse de fructifier.

Aussi, cet arbre n'a-t-il pu se développer dans les régions très diverses de la Tunisie, que grâce à l'ingéniosité de l'homme, et le mode d'exploitation adopté caractérise à lui seul les principales régions naturelles.

On voit l'olivier prospérer dans les contrées pluvieuses sans demander des soins spéciaux, mais il en est autrement dès qu'on atteint les régions moins favorisées du Centre. Dans le Sahel de Sousse, on peut dire que les seuls arbres ayant de la valeur sont situés en contrebas des parties déclives, où ils bénéficient du ruissellement se produisant dans un impluvium qui fait partie intégrante de la plantation. Des digues de terre ou « tabia » retiennent l'eau au pied des arbres, et on juge de la valeur professionnelle d'un cultivateur, d'après le soin avec lequel il entretient l'impluvium et les digues.

Dans le Sud, de pareils procédés ne sont pas ignorés, mais les plantations, dans leur immense majorité, sont effectuées suivant des méthodes différentes, qui ont fait à la région sfaxienne une réputation mondiale.

Ces procédés, reconnaissons-le, n'ont pas été imaginés par nos contemporains; les anciens les employaient déjà; le flambeau s'est passé de mains en mains, mais il est déjà méritoire d'avoir conservé des méthodes aussi heureuses, sans les altérer et même en les perfectionnant.

Félicitons, sans réserves, les indigènes sfaxiens, du parti magnifique qu'ils ont tiré d'un sol sablonneux et aride. Ils méritent tous nos éloges et ont déjà reçu la récompense de leurs efforts en s'assurant une magnifique aisance.

En plantant les oliviers à 24 mètres, en les entourant de soins maternels dès leur naissance, en maintenant la terre constamment dégagée de toute plante adventice, ils ont résolu le problème, en apparence insoluble, d'assurer aux oliviers une végétation magnifique, avec une pluviométrie oscillant aux alentours de 200 millimètres.

Ils ont fait du dry-farming, avant que le mot eût été inventé, et les auteurs américains citent les oliveraies du Sud Tunisien comme un des exemples les plus typiques, de ce que l'on peut obtenir par des binages répétés.

Sans crainte d'épuiser le sujet, on peut insister sur l'exemple de Sfax, car le Protectorat, ayant pour caractéristique de ne rien détruire et de propager tout ce qui peut contribuer au développement du pays, on s'est employé à faire connaître la richesse latente d'une contrée dont l'attention aurait pu se détourner, tant était grande sa stérilité apparente.

Des lotissements ont été institués en faveur des planteurs; on a attiré des colons admirablement persévérants, amené des capitaux et favorisé la pratique d'une collaboration franco-indigène, dont les résultats étonneront ceux qui ne connaissent pas encore le Sud-Tunisien.

Si l'on songe qu'il existe également de nombreux oléastres, dont le greffage constitue une opération avantageuse, et si l'on considère que l'olivier est souvent appelé à succéder aux vignobles, on conçoit que les recensements indiquent un nombre toujours croissant d'oliviers en rapport. On estime qu'il a triplé depuis le début du Protectorat, et qu'il aura bientôt quintuplé, en tenant compte des arbres actuellement plantés ou greffés. Aussi, la Tunisie, qui est la quatrième nation oléicole, après l'Espagne, l'Italie et la Grèce, mais presque à égalité avec le Portugal et l'Algérie, ne risque pas de déchoir de son rang.

L'avenir du pays, sa richesse de demain, sont donc en partie liés à la prospérité de l'oléiculture; c'est dire tout l'intérêt que nous attachons à un Congrès, pour lequel a été dressé un inventaire de tout ce que nous connaissons, et au cours duquel seront abordés, avec les éminents représentants des nations amies, tous les problèmes qui intéressent nos planteurs, nos oléifacteurs et notre commerce d'exportation.

Tracer un programme des délibérations serait déplacé, et pourtant, comment montrer l'utilité de cette manifestation sans énumérer quelques-uns des problèmes qui ont été ou vont être abordés dans les séances des Commissions.

En premier lieu, se place une comparaison entre les meilleures variétés d'oliviers, qu'il s'agisse d'obtenir les fruits pour l'usine ou pour la table. Etant donné la lenteur de croissance de cet arbre, l'œuvre dépasse les possibilités d'un homme et la coopération internationale paraît nécessaire; elle a été catégoriquement demandée. Les résultats permettront, un jour, d'augmenter les rendements unitaires et de réduire les prix de revient.

Il faut rattacher à cette question l'étude des modes de multiplication de l'olivier, qui fait l'objet de méthodes très diverses, et aussi la régénération des vieilles olivettes.

N'oublions pas que les procédés de fumure actuellement appliqués ne donnent pas toujours des résultats satisfaisants. Dans certains sables tunisiens, l'arbre, à peine centenaire, voit diminuer ses rendements. Une formule appropriée est donc à découvrir; nul doute qu'on y parvienne par des recherches méthodiques.

Quant aux parasites, on sait tous les dégâts qu'ils causent, soit à l'olive, soit à l'olivier. Chaque prise de contact entre les techniciens qualifiés se traduit par une vulgarisation des meilleurs procédés de lutte, et par une intensification de la croisade contre le Dacus, ou ses congénères.

Pour en finir avec cette énumération bien sommaire, je rappellerai que deux rapporteurs ont déjà signalé les condensations de vapeur d'eau qui se produisent dans les parties superficielles du sol et semblent suppléer à l'insuffisance des pluies dans certains sols arides. Ces phénomènes, actuellement presque inconnus, présentent une grande importance pour toute l'Afrique du Nord et mériteraient une étude attentive, qui pourrait être internationale.

Tout ce qui précède concerne la production ; simultanément se pose la question des débouchés ; la production moyenne de l'huile d'olive est approximatiment de 7 millions de quintaux, ayant une valeur que nous estimerons à 7 milliards de francs, sur lesquels la Tunisie peut, en bonne année, fournir une part d'un demi-milliard.

On se trouve donc en présence d'un marché vaste, mais non illimité, surtout si l'on considère la concurrence qui existe aujourd'hui sur le marché des matières grasses oléagineuses.

Pourtant, il ne semble pas impossible d'accroître la consommation, car l'huile d'olive est un produit de choix, qui fera toujours prime chaque fois qu'elle aura été fabriquée avec soin et qu'on sera certain de sa pureté, sur laquelle nous devons veiller jalousement. Peut-être, aussi, importerait-il de seconder le commerce dans une propagande en faveur de l'huile et des conserves d'olives, dont la valeur alimentaire mérite d'être mise en évidence.

Ceci encore est du ressort du Congrès ; et la Tunisie, qui possède déjà des huileries remarquablement outillées, grâce auxquelles il lui est permis de livrer des produits excellents, peut servir sur ce point d'exemple à beaucoup de pays, en même temps qu'elle constitue un débouché pour les inventeurs ayant réalisé des progrès.

Plus on examine ces questions, plus on constate que les peuples du bassin méditerranéen, qui ont pratiquement le monopole de l'olivier, ne sauraient laisser s'amoindrir cet héritage. Ils y parviendront en développant leurs institutions de recherches, en s'organisant et en mettant en commun toutes leurs connaissances. Le Congrès ne peut être qu'un stimulant aux solutions locales ou internationales.

En présence d'une pareille complexité, des images nombreuses se présentent devant moi.

Je songe à certains précurseurs de l'oléiculture tunisienne, dont un est encore présent parmi nous, et surtout à l'œuvre infiniment féconde réalisée par S. M. le roi d'Italie, lorsqu'il a créé l'Institut International d'Agriculture, qui groupe aujourd'hui tous les pays civilisés.

J'admire l'humble labeur du paysan tunisien qui plante un arbre, sachant qu'il fera la fortune de ses enfants.

J'admets, avec un agronome tunisien, que l'olivier mérite bien d'être choisi comme symbole de la paix, puisqu'il assure l'avenir des générations futures et n'a chance d'être multiplié que lorsque la transmission des héritages est assurée.

Je pense que les paysans, en général, dont le patriotisme et l'attachement au sol sont bien connus, constituent réellement, suivant une parole d'un ambassadeur de France, M. de Saint-Aulaire, et pour des motifs que je ne développerai pas, le principal « potentiel » de paix qui existe dans la Société actuelle.

Et je conclus que les centaines de congressistes réunis dans cette salle, avec le but commun de contribuer à l'augmentation de la production, travaillent, au-delà de ce résultat immédiat, à l'amélioration du sort de l'humanité, à la concorde entre les nations et à la paix du monde.

Discours de M. Ventre

Président de la Chambre de Commerce française de Tunis

Monsieur le Résident général,

Messieurs les Congressistes,

En présence des exposés d'une documentation si précise et d'une clarté scientifique lumineuse que vous avez entendus, en présence du discours de M. le Résident général, qui, avec la haute autorité attachée à son caractère, et l'élégance habituelle de sa parole, vous a dit, avec éloquence, l'importance tunisienne et la portée mondiale de votre Congrès, vous m'excuserez d'être très bref dans les souhaits de bienvenue qu'au nom de la Chambre de Commerce Française et au nom du Commerce de la Régence, j'ai le devoir agréable d'adresser aux membres de ce Congrès.

J'ai aussi à les remercier, en leur disant l'intérêt profond que le Commerce apporte aux travaux si intéressants, si vivants, si efficaces, de ce IXe Congrès International d'Oléiculture que, grâce à une sollicitude éclairée, la Tunisie a eu l'honneur d'organiser sur son territoire, comme reconnaissance, récompense de son large effort oléicole et comme encouragement et gage d'un merveilleux essor dans l'avenir.

Un Congrès, s'il ne veut pas rester une vaine parlotte, doit tendre à la transformation du moi personnel en un moi collectif. Sous la direction éclairée et compétente de votre distingué président M. Dop, en faisant appel à toutes les idées, en suscitant toutes les initiatives, cette méthode dans vos travaux a porté ses fruits, concrétisant ce que doit être l'œuvre de la Tunisie quant à la plus grande intensité de culture, le meilleur assortiment des espèces et des produits, et des qualités de choix destinées aux marchés universels.

Laissant les savants et les techniciens vous entretenir de leurs domaines respectifs, permettez-moi d'attirer votre attention sur l'importance de plus en plus grande que prend, dans la politique économique actuelle, la conquête des marchés mondiaux.

« L'art de créer des consommateurs, voilà le rôle propre du Commerce; et permettez-moi, loyalement et sans fausse modestie, d'affirmer qu'il y excelle mieux que tout autre, mieux même que l'Etat qui se laisse souvent impressionner par le point de vue fiscal, qui a tendance à se trop limiter, se cantonner au seul marché métropolitain et qui subit l'influence intéressée d'industries contradictoires.

Les productions agricoles et industrielles, qui doivent appeler la science au secours de la pratique, qui ont besoin du large concours de l'Etat en tout ce qui touche l'étude et l'expérimentation tendant à la meilleure utilisation du sol et à la maîtrise du climat, à la protection et au contrôle des produits, retirent également le plus grand profit de la collaboration du Commerce, dans ce problème des relations, de la connaissance et de la pénétration des marchés étrangers.

Les problèmes, sans cesse renaissants, qu'il faut définir et résoudre avec les éléments nouveaux que pose un perpétuel changement, les lois propres du Commerce lui permettent de les suivre avec souplesse et rapide adaptation, parce que, vivant des réalités et des réalisations pratiques, il est dégagé, par surcroît, des immobilisations qui, naturellement, tendent à maintenir les productions agricoles et industrielles dans des voies déterminées. Par là, le Commerce joue vértablement un rôle de créateur d'utilité, donc de richesse; et cela, sans cet effort factice des organismes qui ne se maintiennent qu'en demandant sans cesse pour eux-mêmes des avantages et des aides pécuniaires, des privilèges et des diminutions de charges, qui se traduisent par une aggravation des charges des organismes concurrents ou du consommateur.

Plus le marché d'un produit s'étend, plus la spécialisation de la recherche des débouchés s'impose, si l'on ne veut pas consentir à la décadence économique.

Aussi, votre Congrès a fait justice de cette étroitesse d'esprit ignorante, qui croit que le commerce d'exportation vit d'un pays sans le servir.

De vos travaux, tous animés de la volonté de création, il se dégage que, par l'effort maximum des individus, la meilleure réalisation est dans la collaboration de tous au profit de tous. Tant il est vrai que ce sont les abstractions qui divisent les hommes et que l'étude loyale des faits les réconcilie.

Cette mise en commun des données scientifiques et expérimentales, des notions résultant des pratiques culturales, industrielles et commerciales des principaux pays oléiculteurs, est une des applications les plus heureuses de la méthode féconde qui conseille de considérer les problèmes économiques dans le cadre des problèmes mondiaux.

Vous nous apportez tout cela, Messieurs les Congressistes, mais je voudrais, en retour, que des impressions personnelles reçues au cours de cette trop brève visite en Tunisie, au contact des hommes et des choses vivantes, vous emportiez un peu du visage de la France bienfaisante et civilisatrice, à laquelle ce pays doit, avec la sécurité et la justice, la résurrection de ses richesses mortes. Sfax vous fournira l'exemple des plus heureuses des unions : union des deux éléments de la production : le capital et le travail, et union des éléments européens et indigènes, dans le plus grand intérêt de tous et dans le respect du génie propre des nationalités et des races diverses, avec lesquelles la France veut collaborer à la prospérité matérielle et morale de cette terre de Tunisie désormais française.

Les choses parlent à ceux qui les aiment : la mer, au marin; la terre, au paysan; la forêt, au bûcheron. Vous, Messieurs, lorsque vous serez dans la merveilleuse lumière du Sud, entre la mer presque violette et la ligne vive du désert, vous entendrez sûrement le silence grave de l'olivier vous dire : J'ai, dans un sol ingrat et un climat implacable, poussé inlassablement mes racines tenaces à la recherche patiente de la moindre trace d'humidité amie, mais, quand est venue l'heure des pluies fécondes, par une impulsion puissante, j'ai donné, à tous mes fruits de prospérité et de Paix.

Discours de M. Mohamed Chenik

Président de la Chambre de Commerce indigène de Tunis

MONSIEUR LE MINISTRE,

EXCELLENCE,

MESSIEURS,

La Tunisie, terre hospitalière par ses traditions arabes et par sa situation géographique, se réjouit d'avoir été désignée comme siège du IXme Congrès International d'Oléiculture.

Ce choix flatteur, elle s'efforcera de le justifier autant que possible aux yeux de Messieurs les Congressistes, qui sont sûrs de trouver partout l'accueil le plus chaleureux et le plus empressé.

C'est cette assurance, en même temps que les souhaits de la plus cordiale des bienvenues, que je me permets de leur apporter ici, au nom des populations indigènes et des corps élus qui les représentent.

Soyez convaincus, Messieurs, que ces populations saisissent la haute portée scientifique et morale de votre Congrès et savent que tous les pays producteurs d'huile d'olive sont appelés à profiter des résultats de vos travaux.

La Tunisie, qui, parmi ces pays, occupe une place très honorable, en profitera particulièrement certes. Mais, en échange, elle vous offrira, avec ses seize millions de pieds d'oliviers et l'infinie variété de son sol et de son climat, un incomparable champ d'études. De Bizerte jusqu'à Zarzis, vous pourrez étudier presque toute la gamme des espèces d'oliviers cultivables dans les pays méditerranéens et aussi, — hélas ! — la plupart des maladies parasitaires.

En dehors de ces observations techniques, vous tirerez de votre voyage à travers nos trois régions oléicoles une grande leçon de politique sociale : la preuve de ce que peut faire le génie français guidant et disciplinant l'effort héroïque et patient de l'indigène.

Cette intelligente et sincère collaboration a fait jaillir, en moins d'un demi-siècle, d'une contrée quasi-désertique, une forêt d'oliviers unique peut-être au monde et qui fait, en même temps que l'admiration de tous, la fierté de la Régence.

Vous verrez comment Français et Indigènes, fraternellement courbés sur la même tâche, peinent ensemble, partagent les mêmes espoirs et les mêmes découragements, s'efforçant de faire pousser, de cette terre qu'ils aiment d'un égal amour, l'arbre que Minerve, plus heureuse, faisait apparaître aux yeux des dieux émerveillés, d'un seul coup de sa lance sur le sol.

Vous les verrez, perpétuant l'antique culte de l'Aéropage d'Athènes pour l'olivier, entourer d'un même respect presque religieux l'arbre béni par le Coran et le premier nommé par la Genèse.

Votre Congrès, qui réunit les délégués de tant de Pays et qui, à ce titre, constitue une noble contribution au rapprochement des peuples, retiendra cette leçon belle, émouvante et humaine. Et quand nous nous séparerons, je suis sûr, Messieurs, que vous emporterez avec vous la réconfortante impression que, sur un coin de cette terre d'Afrique, qui a connu tant de guerres et tant de conquêtes, s'est enfin réalisée, entre deux races si différentes, un peu de cette paix fraternelle dont le monde a soif, paix symbolisée de façon si touchante par l'arbre immortel qu'ont chanté les poètes et qui croît sur les rivages ensoleillés et enchanteurs de notre Méditerranée.

Discours de M. Louis Dop

Délégué de l'Institut international d'Agriculture

Président du Congrès

MONSIEUR LE MINISTRE,

MESDAMES,

MESSIEURS,

Vous comprendrez la joie profonde que j'éprouve de me trouver de nouveau dans ce joyau de l'Afrique du Nord, dans cette Tunis la Blanche, que j'aime davantage toutes les fois qu'il m'est donné d'en admirer la beauté et le charme prenant.

A cette joie se mêle, pour moi, la satisfaction très grande d'avoir pu prouver mon attachement et mon dévouement à ce Pays, en lui assurant, en ma qualité de délégué permanent de la Tunisie à Rome, la certitude de pouvoir organiser dans cette ville, à Sousse et à Sfax, le IXe Congrès International d'Oléiculture, à la suite de la décision qui a été prise, par un vote unanime émis par le Comité Permanent de l'Institut International d'Agriculture, de choisir, sur ma propostion, la Tunisie comme siège de ce Congrès.

C'est donc pour moi, en même temps qu'un vif plaisir, un très grand honneur d'avoir été choisi par les délégués des 74 Etats adhérents, en même temps que mon excellent collègue et ami M. Bilbao, délégué d'Espagne, pour représenter officiellement cette grande institution officielle internationale dans cette assemblée qui compte tant d'hommes remarquables par leur science, par leur technicité, ainsi que par les services qu'ils ont rendus à leurs pays respectifs.

Permettez-moi, Monsieur le Ministre, de marquer publiquement ma joie de me trouver de nouveau à vos côtés, et de vous dire, en vous exprimant le sentiment de ma déférente et respectueuse amitié, combien je suis fier et heureux de collaborer, de loin comme de près, à la grande œuvre de rénovation économique et de progrès agricole, que vous avez entreprise, avec tant de succès, pour assurer l'avenir, la richesse et la prospérité de ce merveilleux pays.

C'est pour moi une bien agréable mission de vous apporter, avec les hommages et les salutations des délégués officiels des 74 Etats et en particulier ceux de notre éminent Président, Son Excellence M. de Michelis, retenu à Rome par les devoirs de sa charge, les vœux ardents et sincères que tous forment pour le plein succès de ce IXe Congrès International d'Oléiculture, qui va donner l'occasion à tous les Congressistes d'admirer les progrès considérables qui ont été réalisés en ce pays, en matière oléicole et aussi dans toutes les branches de l'agriculture.

A cette qualité de délégué permanent de la Tunisie à Rome, vient s'ajouter aujourd'hui le titre inattendu de Président du IXe Congrès International d'Agriculture, que je dois à la haute bienveillance et à la confiance des membres de ce Congrès.

Permettez-moi donc de parler aussi en leur nom pour vous exprimer les sentiments dont nous sommes animés.

Nos remerciements et nos hommages vont tout d'abord à Son Altesse le Bey de Tunis et à son Gouvernement, au Gouvernement du Protectorat, et en particulier, à M. Lucien Saint, ministre plénipotentiaire Résident général de la France à Tunis.

Nous savons tous, M. le Ministre, avec quelle intensité vous tiennent à cœur les intérêts agricoles de la Tunisie, si entièrement liés à la richesse et à la prospérité de ce pays. L'oléiculture en est une des branches essentielles et il était naturel que votre sollicitude personnelle s'exerçât activement en faveur de ce Congrès. Nous vous en exprimons notre gratitude la plus profonde.

Nos remerciements cordiaux s'adressent aussi à la Direction générale de l'Agriculture, du Commerce et de la Colonisation, à son éminent Directeur général, M. Lescure, qui, en sa qualité de président du Comité d'organisation de ce Congrès, et intelligemment aidé et secondé par le zèle et le dévouement des fonctionnaires du Commissariat général du Congrès, en a assuré le plein développement et le succès.

Qu'il me soit permis d'ajouter aussi nos remerciements et nos félicitations pour le personnel tout entier qui a contribué à la bonne organisation de vos assises et qui nous prêtera, pendant cette grande semaine, son aide compétente.

C'est avec un plaisir tout particulier et pour des raisons spécialement fondées, que l'Institut International d'Agriculture, à défaut de la Fédération Internationale d'Oléiculture, a désigné la Ville de Tunis comme devant être le siège de ce Congrès.

En dehors des raisons économiques, politiques et techniques qui imposaient le choix de Tunis, d'autres motifs d'ordre géographique et historique sont venus à l'appui des premières.

De même que le chêne est l'arbre symbolique du Centre, du Nord et de l'Occident de l'Europe, l'olivier est l'arbre caractéristique du bassin de la Méditerranée. Depuis des temps immémoriaux, son feuillage vert pâle a couronné harmonieusement le bord de la mer où ont pris naissance et se sont développées toutes les hautes civilisations qui sont à la base de la nôtre. Quels souvenirs mythologiques et historiques l'olivier n'évoque-t-il pas ?

Après le grand désastre qui se trouve à l'origine de l'histoire et dont la mémoire des hommes a conservé le souvenir, c'est un rameau d'olivier que la colombe survivante a rapporté aux hommes survivants. Depuis lors, l'olivier a continué à nous donner ses fruits, à nous assurer la nourriture et la lumière.

Il est partout le symbole de la Paix ; il est, dans ce beau pays, symbole de richesse et de prospérité.

Il n'est pas besoin de le répéter ici, sur cette glorieuse terre de l'Afrique du Nord, dont le sol si riche a été fructifié par le travail et l'intelligence des hommes.

Aux qualités de sobriété et de travail de la population, à l'ardeur, à la science et à la hardiesse de ses colons, à la sagesse de son Souverain, comme aussi à la politique et aux mesures sages et prévoyantes de la Puissance Protectrice, la France, la Tunisie doit aujourd'hui une incomparable prospérité.

Nous sommes heureux, Messieurs, d'étudier en commun les diverses solutions qui peuvent être données aux problèmes qui sont soumis à notre examen dans ce IX° Congrès International d'Oléiculture.

Je m'en voudrais de ne pas rappeler ici — et c'est pour moi un agréable devoir de le faire — que c'est à la généreuse et intelligente initiative de la Société Nationale d'Oléiculture de France que nous devons l'idée première de ces réunions internationales, qui ont pour but l'étude de toutes les questions qui concernent l'industrie oléicole.

Le Congrès International de Toulon en 1908, a été l'initiateur des réunions qui se sont ensuite poursuivies régulièrement avant 1914, et depuis 1919, à Marrakech-Rabat, à Nice, à Séville, enfin, à Rome, en 1926, pour continuer leur œuvre aujourd'hui dans cette belle terre d'Afrique, à Tunis, à Sousse, à Sfax où nous recevons une hospitalité aussi cordiale que généreuse dont nous vous gardons une profonde reconnaissance.

Nous savons, Messieurs, que notre séjour parmi vous constituera, pour la plupart d'entre nous, une grande surprise, une révélation extraordinaire de ce que ce pays doit à la culture de l'olivier, ainsi qu'à l'industrie oléicole.

Avec ses 16.181.000 pieds d'oliviers, la Tunisie représente aujourd'hui un des plus grands centres de cette grande culture et ils sont une des sources principales de la richesse de ce Pays.

A ce titre seul, la Tunisie méritait d'être choisie comme siège du IX° Congrès.

Soyez persuadés, Messieurs, que nos yeux sont grands ouverts et prêts à l'admiration de ce qui a été fait de grand et de beau pour développer la culture oléicole.

Les savants, les techniciens, les commerçants de tous les pays sont accourus à votre appel. Leur compétence et leur dévouement promettent des solutions heureuses aux problèmes qui sont contenus dans le programme du Congrès, et qui concerne tous les domaines de l'oléiculture et de l'industrie oléicole.

En ma qualité de représentant officiel de l'Institut International d'Agriculture, je me permets de vous rappeler que notre grande institution internationale de Rome est l'organe tout indiqué pour l'étude des résolutions qui seront émises par le Congrès et pour essayer de leur donner une solution aussi rapide que pratique.

Vous n'ignorez pas que le Conseil International scientifique agricole organisé il y a deux ans par l'Institut, a créé une Commission technique spéciale pour l'étude de l'olivier et, en particulier, de la mouche de l'olive.

Ce Conseil scientifique, composé des savants et des technicins les plus réputés du monde, sera consulté efficacement pour donner une réponse compétente aux divers problèmes scientifiques qui pourraient exiger une étude attentive de la part des experts et techniciens les plus compétents.

L'Institut International d'Agriculture sera fier et heureux de mettre, en outre, à votre service, pour l'exécution des résolutions qui peuvent l'intéresser, la compétence et la documentation de ses bureaux techniques, ainsi que le pouvoir que lui confère la Convention du 7 juin 1905, de proposer aux Gouvernements adhérents, toutes les mesures susceptibles d'aider au progrès de l'agriculture et des branches connexes.

Puisse le IXe Congrès International d'Oléiculture marquer une date dans l'histoire de ce Pays, une date et une étape sur le grand chemin de la civilisation et du bonheur des peuples.

C'est le vœu le plus ardent des congressistes, et je suis fier et heureux de l'exprimer, au nom de tous les pays représentés, en ma qualité de Président de ce Congrès.

Discours de M. Raybaud

Délégué de la Société nationale d'oléiculture de France,

Délégué de M. le Ministre de l'Agriculture

Un concours de circonstances regrettables fait que ni M. Chalamel, président de la Société Nationale d'Oléiculture de France, ni M. Ricolfi, vice-président de cette même Société et député des Alpes-Maritimes, ne peuvent assister à l'ouverture du IXe Congrès International d'Oléiculture. Je suis chargé de vous exprimer leurs excuses et leurs regrets.

En leur absence, c'est à moi que revient le grand honneur de prendre la parole au nom de la Délégation de la France métropolitaine et de celles de l'Algérie et du Maroc.

Je suis spécialement chargé d'apporter ici, à toutes les autorités de la Régence et à tous les congressistes, le salut cordial et les félicitations de M. le Ministre de l'Agriculture, qui s'intéresse à vos travaux et à la réalisation, en ce qui le concerne, des vœux qui seront présentés par le Congrès. Il m'a demandé, Monsieur le Résident général, de vous exprimer ses sentiments de gratitude les plus vifs, pour les directives que vous avez bien voulu donner à vos services, en vue de l'organisation de cette manifestation ; nous savons, d'ailleurs, tout ce que vous avez fait pour l'agriculture et pour le développement de l'activité économique de la Régence; aussi, votre geste ne nous a point surpris.

La Société Nationale d'Oléiculture de France veut aussi, par ma bouche, saluer et remercier les congressistes français et étrangers qui sont venus, en si grand nombre, apporter ici le concours éclairé de leur expérience et de leur science. Elle a la légitime fierté d'avoir, la première, comme vous le savez, réuni en congrès tous ceux qui s'occupent de la culture de l'olivier et du développement des industries annexes; les premiers résultats ont été pour elle le meilleur des encouragements, aussi, a-t-elle applaudi, sincèrement, lorsque, sur l'initiative de M. Louis Dop, l'éminent délégué de la Tunisie à l'Institut International de Rome, le Comité permanent de cet Institut a choisi, pour le Congrès de 1928, la Tunisie, site admirable, entre tous, où l'histoire de la culture de l'olivier est particulièrement saisissante et où l'hospitalité est si largement exercée. Nous avons à exprimer, à ce sujet, notre sentiment de profonde reconnaissance aux services de la Direction générale de l'Agriculture de la Régence, qui nous reçoivent si cordialement et qui ont mis tout en œuvre pour intéresser leurs hôtes; permettez-moi de leur en faire mon compliment très sincère et de les assurer que nos collègues du Congrès sauront apprécier tout ce que la Direction de l'Agriculture de Tunisie a fait pour la culture de l'olivier et les résultats merveilleux qui ont été obtenus.

Je vois autour de moi les représentants assidus, des pays oléicoles européens et leur présence ici, sous l'égide de l'Institut International de Rome, me fait bien augurer du résultat du IX° Congrès de l'Oléiculture, car leur but est le nôtre : c'est-à-dire, la sauvegarde de la culture de notre cher olivier, symbole de la paix.

Discours de M. le Professeur Petri

Délégué de l'Italie

Monsieur le Ministre,

Excellences,

Messieurs,

Au nom de la délégation italienne, je vous remercie du salut de bienvenue qui nous a été adressé tout à l'heure et je désire adresser aussi nos plus vifs remerciements à la Commission d'organisation du Congrès et à la Municipalité de cette Ville pour l'aimable accueil qui nous a été fait depuis notre arrivée ici, dans ce pays, où l'oléiculture a tant d'importance et constitue une importante source de richesse. La délégation italienne tient à exprimer aussi son intime satisfaction de pouvoir prêter sa collaboration aux travaux de ce Congrès, qui réunit tant de savants et de techniciens distingués de tous les pays de la Méditerranée.

J'ai l'honneur de vous apporter le salut du Gouvernement italien, qui comprend toute l'importance de cette réunion et qui s'intéresse vivement à nos efforts pour l'amélioration de la culture et de l'utilisation des produts de l'olivier.

La délégation italienne exprime le vœu sincère que nos travaux, qui sont désormais avancés, nous permettent d'atteindre un accord complet et fécond en résultats avantageux sur tout ce qui concerne les questions à traiter. C'est par ce vœu que je termine mon salut.

Discours de M. Manuel Priego

Président de la Délégation espagnole

Monsieur le Ministre,

Messieurs les Congressistes,

Au nom de la délégation espagnole, que j'ai l'honneur de présider, je viens remercier les hautes personnalités qui, au nom des Gouvernements et des Associations qu'ils représentent, viennent de nous adresser leur salut avec des phrases aussi éloquentes que pleines d'encouragement.

Nous sommes venus dans ce beau pays de Tunisie, désireux de connaître la culture de ses oliviers et la fabrication de ses huiles. Aussi, en outre des questions qui doivent être traitées dans ce IX⁰ Congrès International d'Oléiculture, serons-nous grandement intéressés par les excursions scientifiques durant lesquelles il nous sera permis de renouveler nos chères et anciennes amitiés et d'en établir de nouvelles, également agréables.

Je suis persuadé, Monsieur le Ministre, que de ce Congrès nous emporterons tous, à notre pays, des résultats pratiques et de nouvelles connaissances applicables à la science oléicole.

Le court séjour, que nous avons fait dans cette magnifique capitale, nous paraît encore plus court, en raison des beautés que nous admirons et des attentions dont nous sommes l'objet de la part du Comité d'organisation de ce Congrès. Que Monsieur le Directeur de l'Agriculture veuille bien accepter nos sincères remerciements et nos vives félicitations.

Je m'en voudrais de terminer sans assurer de notre reconnaissance l'honorable Société d'Oléiculture de France, véritable initiatrice de ces réunions, dans lesquelles se discutent, avec la plus parfaite concorde et la plus grande efficacité, les problèmes qui préoccupent la grande famille oléicole mondiale.

Je prie Monsieur le Résident général de bien vouloir être l'interprète de nos sentiments vis-à-vis des Autorités de Tunis et des Sociétés ici représentées et leur transmettre les vœux fervents que fait la délégation espagnole pour le progrès de l'oléiculture et de l'économie nationale de ce pays. Que Monsieur le Ministre veuille bien accepter, personnellement, avec ces derniers mots, l'expression sincère et unanime de notre affectueux respect et de notre haute considération.

Discours de M. Isaakidès

Délégué de la Grèce

J'apporte le salut de l'Etat hellénique à la Nation de France en Tunisie et aux autres Nations qui participent au IX⁰ Congrès International d'Oléiculture.

Les Gouvernements et les oléiculteurs de ces nations se sont réunis ici, dans une étroite collaboration, en vue de formuler les grandes lignes que l'oléiculture doit suivre et les grands problèmes qui restent à résoudre dans le but d'améliorer et d'intensifier les moyens d'exploitation d'une source commune d'immense richesse.

Je peux vous assurer que la Grèce donne à ce Congrès toute la haute importance qu'il comporte et profitera des conclusions auxquelles il aboutira, en même temps qu'elle contribuera, dans toute la mesure de ses moyens, à résoudre les questions dont le Congrès poursuit l'étude pour l'accroissement et l'amélioration de la production mondiale oléicole.

La séance est levée à dix-neuf heures.

SÉANCE PLENIÈRE

(Sousse, 1er novembre)

A onze heures, les Congressistes se rendent dans la salle des fêtes de l'Hôtel de Ville et prennent place autour d'une grande table en fer à cheval.

La séance s'ouvre, présidée momentanément par M. FORTIER, Contrôleur civil, président du Comité régional d'organisation, auprès duquel se trouvent MM. CLABE, vice-président de la Municipalité; MOHAMED DINGUIZLI, kahia, remplaçant le Caïd gouverneur de Sousse, absent; DIACONO, vice-président de la Chambre mixte d'Agriculture et de Commerce du Centre, ainsi que M. LOUIS DOP, Président du Congrès, et les chefs des délégations.

M. FORTIER, Contrôleur civil, prend la parole pour souhaiter la bienvenue au Congressistes.

MONSIEUR LE PRÉSIDENT,

MESSIEURS,

En ma qualité de Président du Comité régional du Congrès d'Oléiculture, je suis heureux, au nom des membres de ce Comité et en mon nom personnel, d'offrir mes souhaits de bienvenue aux éminentes et distinguées personnes qui font partie de ce Congrès, en leur offrant un séjour heureux et utile dans notre région.

Nous regrettons, Messieurs, que votre séjour dans cette quatrième région soit d'aussi courte durée. Nous aurions voulu vous montrer bien des choses vous intéressant au point de vue culture des oliviers, au point de vue oléifacture, mais vous avez un itinéraire qu'il nous faudra observer.

On veut vous montrer beaucoup de choses en très peu de temps. Cet itinéraire nous privera, Messieurs, du grand plaisir de vous conserver plus longtemps.

Nous espérons que le programme d'excursions qui a été élaboré par les membres du Comité régional vous donnera entière satisfaction, que vous pourrez y recueillir des renseignements profitables aux intérêts non seulement de la Région, mais encore aux intérêts des Pays intéressés et amis, si dignement représentés au sein de votre Assemblée.

Messieurs, sur la demande des membres du Comité, de MM. les Présidents et membres du Conseil municipal et de la Chambre mixte d'Agriculture et de

Commerce, je suis chargé de vous dire combien nous serions heureux de vous recevoir ce soir solennellement à dix-huit heures.

La séance, dont on a bien voulu me confier la présidence momentanément, est ouverte et je m'empresse de passer cette présidence à votre distingué Président M. Dop.

M. Dop, Président du Congrès :

Monsieur le Controleur Civil,

Messieurs,

Messieurs les Présidents du Conseil Municipal et de la Chambre mixte d'Agriculture et du Commerce,

Je puis dire que le IXe Congrès International d'Agriculture va de surprise en surprise, et que notre admiration est l'égale de notre surprise.

Hier c'était Tunis, ensuite Bizerte, puis Soliman et toute la région qui l'entoure, aujourd'hui, Sousse.

Je peux vous dire, M. le Contrôleur civil, que dans ces étapes successives, notre enseignement oléicole se développe avec le plaisir qui résulte, pour nous tous, de tout ce que nous voyons de progrès accomplis dans cette admirable Région.

Il y a aussi une chose qui nous frappe tous. C'est non seulement le progrès unique qui a été réalisé, mais surtout, et je parle aussi en mon nom personnel, le résultat de cette collaboration cordiale, intime, qui s'est établie entre les propriétaires européens et la population indigène de ce pays, collaboration qui donne des fruits merveilleux, qui donne des résultats admirables. Et cela, Messieurs, ne fait que confirmer et justifier la collaboration qui s'est établie entre l'élément indigène et l'élément européen.

Je sais, pour avoir déjà visité la Tunisie, à différentes reprises, que cette collaboration devient de plus en plus étroite et nous pourrons en admirer les résultats, surtout dans les grandes oliveraies de Sfax, qui seront, j'espère, pour vous, Messieurs les Congressistes étrangers, un objet d'admiration.

Pour aujourd'hui, je me contente de remercier tout spécialement M. le Contrôleur Civil, la Municipalité et la Chambre mixte d'Agriculture et de Commerce de Sousse, ainsi que les autorités indigènes, et de leur dire que nous conserverons de notre court séjour, beaucoup trop court, à Sousse, le souvenir le plus agréable et que nous marquerons ce séjour par un travail utile, car nous allons reprendre de suite nos travaux et passer à l'examen des diverses questions que nous n'avons pas eu le temps d'achever au cours de nos réunions à Tunis.

Je remercie encore M. le Contrôleur civil des paroles qu'il a bien voulu nous adresser. Je suis ici l'interprète de tous ceux qui assistent au Congrès et je vous propose, Messieurs, de marquer nos sentiments par des applaudissements unanimes en l'honneur du Contrôleur civil et de toute la population de Sousse. (Applaudissements prolongés).

Messieurs, notre temps est malheureusement limité, ainsi que le rappelait tout à l'heure M. le Contrôleur civil; mais cependant il faut que notre Congrès, malgré la multiplicité des étapes et des changements, garde son unité de travail. Je vous proposerai donc de continuer l'examen des questions qui étaient restées en suspens à Tunis, au sujet des cultures intercalaires et des cultures associées.

Nous avons déjà entendu sur cette question, à Tunis, deux rapports. Une discussion a été engagée, mais l'examen n'a pas été terminé et à ce point de vue, je donne la parole à notre Secrétaire général, M. Laverdet, pour le rappeler.

(Voir tome II, séance du 1er novembre).

SÉANCE PLÉNIÈRE

(Sfax, samedi 3 novembre, 9 heures)

La séance a lieu au Théâtre Municipal, elle est précédée de la réception officielle du Congrès par le Comité régional d'organisation, dont le Président, M. BERTHOLLE, Contrôleur civil de Sfax, est entouré de M. BOUCHER, Président de la Chambre mixte d'Agriculture et de Commerce du Sud, des membres de cette assemblée, de M. SALEM SNADLY, Caïd-Gouverneur de Sfax, et des membres des associations et des autorités locales.

M. BERTHOLLE, Contrôleur civil, ouvre la séance et, après quelques mots de bienvenue, donne la parole à M. BOUCHER, désigné par le Comité régional d'organisation pour saluer les congressistes.

Discours de M. Boucher

Président de la Chambre mixte d'Agriculture et de Commerce du Sud

MONSIEUR LE PRÉSIDENT,

MESSIEURS,

Au nom des commerçants et des agriculteurs français et tunisiens de la région sfaxienne, le Président de la Chambre mixte du Sud a l'honneur et le grand plaisir de souhaiter une cordiale bienvenue aux personnalités éminentes assemblées ici pour le IX⁰ Congrès International d'Oléiculture.

Vous arrivez, Messieurs, dans notre Sfax, que l'on s'est plu à nommer *La capitale économique de la Régence.*

Ce titre, qui est notre fierté, nous espérons le justifier à vos yeux.

Des orateurs qualifiés vous ont exposé, à Tunis, avec une documentation précise et brillante, l'histoire et la statistique de notre existence ancienne, puis, de notre renaissance à la vie oléicole. Revenir sur leur éloquence, aussi nourrie que bienveillante, serait superflu.

Nous nous efforcerons seulement de vous donner, en ces heures trop brèves, l'occasion des constatations réelles et, nous l'epérons, des confirmations.

Vous pourrez voir par vous-mêmes l'activité de notre port, son outillage moderne, le développement de notre commerce et de notre industrie oléicole, avec son matériel puissant, capable de traiter dans les conditions les plus rationnelles, la production de nos six millions d'oliviers en rapport moyen.

Et demain, sous le balancement argenté des arbres vigoureux, dont les alignements géométriques escaladent les collines autrefois désertiques, la terre, rougie par le travail incessant, forcée à la fécondité par la volonté humaine, vous attestera la grandeur de l'œuvre accomplie.

Vous conserverez dans vos mémoires fidèles, le souvenir du double miracle sfaxien : la victoire féconde de l'effort tenace sur l'inerte désolation du désert, l'union solidaire du capital et du travail réalisant celle, plus précieuse encore, de deux peuples si différents, réunis par le lien puissant des intérêts communs et de l'estime réciproque.

En moins de quarante ans, cette œuvre surprenante a pu s'accomplir dans la paix et la sécurité française, grâce aux concours administratifs constants, et au perfectionnement des méthodes agricoles, industrielles et commerciales.

La voix la plus autorisée du pays vous l'a dit à Tunis : ce qui a été fait à Sfax peut être continué dans les vastes étendues du Sud et du Centre tunisiens, c'est affaire d'organisation, d'appel aux capitaux, d'élargissement des crédits agricoles à très long terme permettant, avec la colonisation de moyenne grandeur, l'intensification du peuplement national et l'enrichissement des tribus fixées au sol.

La zone de culture possible pour l'olivier, sur toute la ceinture du globe, n'est pas si large que l'on puisse redouter une superproduction pour la Tunisie ou pour les pays méditerranéens, aux oliveraies déjà plus vastes.

Nos huiles d'olives pures, bien usinées, sont des produits de luxe dont les emplois nécessaires et les débouchés commerciaux s'élargissent chaque jour.

La grande utilité des réunions internationales qui, assemblant comme aujourd'hui des techniciens représentant des pays et des besoins si divers, est précisément de permettre l'étude en commun de tous les perfectionnements des moyens propres à régulariser la production des plantations, la fabrication, ainsi que l'écoulement des produits classés, et de rendre, ainsi plus facile et moins longue, l'attente des résultats pour ceux qui nous succéderont.

Rapprochées par le culte de l'olivier pacifique, de claires intelligences sont réunies dans le cadre professionnel, puis se fondent, par dessus les frontières géographiques, en puissants groupements internationaux, dont la permanence a facilité la constance de l'effort vers le mieux dans l'intérêt général.

Messieurs, nous saluons en vous les créateurs et les vaillants ouvriers de cette œuvre féconde, et, en vous remerciant d'être venus jusqu'à notre ville lointaine, nous vous prions d'agréer les vœux que nous formons pour vos personnes comme pour le succès de nos travaux communs.

(Applaudissements).

M. BERTHOLLE cède le fauteuil de la présidence à M. LOUIS DOP, président du Congrès, pour l'ouverture de la séance plénière.

M. Louis Dop, Président du Congrès :

Monsieur le Controleur,

Monsieur le Président,

Messieurs,

Au fur et à mesure que le Congrgès s'avançait vers le Sud, nous considérions Sfax comme la terre promise de l'olivier, et tel le pèlerin qui s'avance vers la Mecque, nous étions impatients de nous trouver sous les rameaux tutélaires de cet arbre millénaire.

En ce qui me concerne, comme tunisien de cœur, et sfaxien de prédilection, je tiens à vous dire que je garde le souvenir le plus ému et en même temps le plus réconfortant de ce que j'ai vu à Sfax et dans sa forêt d'oliviers, depuis les quelques années où j'ai eu le grand honneur et le plaisir de faire connaissance de Sfax et de sa forêt légendaire.

Aujourd'hui, Sfax a l'honneur de recevoir non seulement les oléiculteurs de Tunisie et de France, mais également les oléiculteurs de tout le bassin de la Méditerranée. Je suis fier de pouvoir dire à l'Assemblée que se trouvent réunis ici les représentants officiels de l'Italie, de l'Espagne, de l'Egypte, de la Grèce, de la France, de l'Algérie, de la Tunisie, enfin, tous ceux qui ont à cœur, non seulement la culture de l'olivier, mais la fabrication de l'huile d'olive et son commerce.

C'est vous dire, Messieurs, combien tous ces représentants officiels comme, aussi, les congressistes libres représentant le commerce ou l'industrie oléicole, sont heureux de se trouver parmi vous et seront heureux aussi de contribuer au succès de ce Congrès qui, nous osons l'espérer, marquera une étape historique dans les annales des réunions internationales qui concernent la culture de l'olivier.

Je me permets d'ajouter, Messieurs, que la grande préoccupation du Congrès a été de réserver, pour la ville de Sfax, un certain nombre de questions qui vous tiennent à cœur et qui, par conséquent, donneront l'occasion à de nombreux orateurs, de prendre la parole et d'indiquer au Congrès les diverses solutions qui peuvent être données à des problèmes d'ordre pratique et concret.

Nous avons essayé non seulement d'étudier les questions d'ordre théorique, scientifique et technique, comme le comportait le programme, mais aussi les questions d'ordre pratique et réaliste de façon qu'à la fin du Congrès, vous puissiez dire : « Le Congrès a réuni des hommes de science; il a réuni des techniciens renommés de tous les pays, mais ces techniciens et ces experts ont réussi à laisser derrière eux des solutions qui, au point de vue de notre production et de notre commerce, constituent des solutions vraiment pratiques et utiles. »

C'est vous dire, Messieurs, l'esprit dans lequel nous avons conçu nos travaux. Et je suis persuadé que les discussions qui vont s'engager tout à l'heure vont accentuer encore ce caractère pratique. Et c'est dans ce sentiment que je me permets de vous remercier de l'accueil que vous avez bien voulu faire au Congrès, sous les auspices de la population de Sfax devenue capitale de l'olivier comme je le disais tout à l'heure, et c'est sous ces auspices que je déclare ouverte la session du Congrès à Sfax.

Parmi les problèmes à examiner, il en est certains qui concernent plus particulièrement la région de Sfax et je vais donner la parole à M. CHARROIN pour la lecture de son rapport.

(Traduction du discours ci-dessus est faite en arabe).

SÉANCE PLÉNIÈRE DE CLOTURE

(Sfax, lundi 5 novembre, matin)

La première partie de la séance a été consacrée à l'étude de la taille de l'olivier. (Voir tome II, séance du 5 novembre).

Ensuite M. Dop, Président du Congrès, prononce le discours suivant :

MESSIEURS,

Le IXᵉ Congrès International d'Oléiculture a terminé ses travaux.

Il appartient maintenant à votre Président de remplir sa dernière fonction, comme aussi sa plus agréable mission. Il le fera le plus brièvement possible, pour ne pas abuser de votre bienveillante attention.

Je vous remercie tout d'abord, Messieurs et chers Collègues, de la déférence courtoise que vous avez bien voulu me témoigner, ainsi que de la confiance que vous m'avez accordée pour assurer l'harmonieux développement, ainsi que la terminaison heureuse, des travaux du Congrès, dont j'avais la haute responsabilité.

Grâce à votre esprit de discipline, grâce à la courtoisie réciproque, dont vous avez fait preuve au cours des débats, grâce surtout à l'esprit de conciliation et de concorde qui a régné du commencement à la fin de ce Congrès, la mission de votre Président a été facilitée, et ce que je considérais d'abord comme une tâche difficile, est devenu, pour moi, un réel plaisir et un travail des plus agréables.

C'est que, Messieurs, la connaissance entre nous était faite depuis longtemps.

Permettez-mois de vous dire que je vous considère tous comme des amis plutôt que comme des collègues.

La solidarité cordiale entre oléiculteurs n'est pas un vain mot. Elle s'est renforcée au cours de nos travaux et de nos excursions, elle persistera, dans l'avenir, dans les rencontres que provoqueront les futurs Congrès, qui se transformeront, ainsi, en véritable association d'amis de l'olivier.

Voilà pourquoi je dois vous être reconnaissant de la méthode et de la manière ordonnée dont s'est déroulé ce Congrès, qui laissera des traces profondes et des résultats pratiques extrêmement féconds.

Certes, la culture de l'olivier n'est plus aujourd'hui celle des temps passés. Personne ne pourrait répéter justement les paroles de Sophocle lorsque, dans son chœur, il disait que l'olivier croît spontanément : « *non culta planta* ».

Personne, comme Columelle, ne pourrait dire que l'olivier a besoin de peu de soins, ou répéter les vers de Virgile dans *les Géorgiques*.

L'oléiculture a abandonné les vieilles traditions de la campagne pour revêtir la dignité d'une science, mais d'une science tendue vers les solutions pratiques et immédiates.

Vous ne penserez pas, sans doute, que nos ambitions ou nos prétentions sont exagérées, si je dis que le IXe Congrès International d'Oléiculture marque une étape glorieuse dans l'histoire de nos Congrès.

Nous voulions, en inaugurant notre Congrès, faire œuvre scientifique et pratique.

Permettez-moi d'affirmer, en votre nom, que nous y avons pleinement réussi.

Non pas, Messieurs, que nous formions, entre nous, un cénacle d'admiration mutuelle et de satisfaction personnelle. Non.

Les faits et les constatations parlent mieux et plus éloquemment que nos paroles.

Ils défendent mieux nos actes et nos résultats que les meilleurs plaidoyers. Les faits les voici :

Le IXe Congrès a réuni 320 adhérents (particuliers et associations oléicoles), dont 84 adhérents étrangers.

Parmi ces derniers, 57 sont présents en Tunisie.

Cinquante-quatre rapports ont été présentés et les congressistes ont visité 25 établissements oléicoles (oliveraies ou huileries).

La documentation réunie par le IXe Congrès est donc considérable.

Elle peut se diviser de la façon suivante :

1° Des rapports d'ordre national au nombre de 38;

2° Des rapports d'ordre international au nombre de 16.

Parmi ces rapports, 30 ont abouti à des résolutions et des vœux que la Commission de coordination a groupés et fusionnés.

Sept rapports se terminent par des recommandations dont les oléiculteurs pourront tirer profit. Seize communications constituent des monographies qui seront jointes au compte rendu du Congrès et qui seront une véritable mine de renseignements où nous pourrons puiser, à tête reposée, les faits précis qui étayeront les idées générales qui se dégagent des débats du IXe Congrès.

Les rapports ont été classés, conformément au programme, en trois grandes divisions :

Production;

Industrie oléicole;

Commerce des huiles.

Toutefois, en raison de l'abondance de la documentation présentée, la Section I a été subdivisée en deux sous-sections, l'une particulièrement affectée à la culture de l'olivier, qui a fourni 24 rapports, l'autre à la lutte contre les insectes et les maladies et au rôle de l'Etat dans le développement et dans la défense de l'oléiculture, qui a groupé six rapports.

De plus, les séances d'examen rapide des vœux de ces deux sous-sections n'ayant pas épuisé la matière, nous avons dû, à la demande des congressistes tunisiens, et même des congressistes étrangers, reprendre les questions les plus importantes de notre programme et en faire l'objet de quatre séances, qui ont eu lieu à Tunis, à Sousse et à Sfax.

Quant aux Sections II et III, elles ont donné lieu également à la discussion de rapports intéressants; ceux qui se rapportent à l'industrie oléicole sont au nombre de 11 et 7 autres exposent les desiderata du commerce.

Je ne saurais trop insister sur le caractère technique particulier de chacune des Sections du Congrès.

Après l'étude de monographies qui ont, pour chaque pays, et plus spécialement pour la Tunisie, l'Algérie et la Syrie, établi une documentation précieuse et une base solide de discussion, les sections I et I bis ont abordé les problèmes d'application pratique qui intéressent, au plus haut point, ceux qui cultivent l'olivier.

La nature des terres à consacrer à cet arbre, le mode de multiplication à employer préoccupent, à juste titre, les nouveaux planteurs. Le Congrès a abordé ces questions délicates et provoqué un échange de vues qui doit aboutir à une technique dont on s'étonne, à juste raison, de ne pas constater l'existence, depuis si longtemps que l'olivier est cultivé. Mais cela s'explique par la difficulté d'expérimenter sur cet arbre, qui ne livre que lentement ses secrets, et, aussi, par la diversité des conditions de climat et de sol qui lui sont imposées.

Notre Congrès apporte une contribution intéressante à l'étude des variétés de l'olivier, étude dont l'importance n'avait pas échappé aux Congrès précédents et au Conseil international scientifique de l'Institut international d'Agriculture. Cette question va recevoir bientôt une solution, si tous les délégués présents au Congrès veulent bien signaler, à leurs Gouvernements respectifs, l'urgence de la nomination des Commissions nationales qui doivent participer à l'enquête faite dans tous les pays oléicoles.

Le problème des cultures intercalaires se pose aux nouveaux planteurs qui, dans des conditions économiques aggravées par la guerre, sont dans l'obligation de demander au sol des revenus d'attente; avant que l'olivier n'entre en production.

Ce problème a fait l'objet de longs débats et nous espérons qu'il en sortira, également aussi, une technique qui évitera les tâtonnements si coûteux en agriculture.

D'autres problèmes sont à résoudre et un programme précis de recherches, basé sur les difficultés (d'ailleurs en partie vaincues par la ténacité et l'intelligence des sfaxiens) de la culture de l'olivier à terre sèche, va permettre aux savants et aux constructeurs de tous les pays de concourir au développement de la culture de l'olivier et à l'amélioration des procédés de récolte de l'olive.

La défense de l'olivier contre ses ennemis, et tout particulièrement contre la mouche de l'olive, a occupé plus de deux de nos séances. Par le nombre et la valeur des communications faites, par les intéressantes expériences dont les résultats ont été apportés de tous les pays oléicoles, le IX° Congrès aura fait faire un grand pas à cette question si importante. Un plan d'étude rigoureux doit permettre une enquête comparative dans tous les pays et il a été demandé à l'Institut international d'Agriculture de procéder à cette enquête et d'en faire connaître les résultats.

Dans un domaine plus pratique, la taille, la fumure, les façons culturales, la récolte mécanique recevront, grâce à vos indications, des solutions meilleures.

De même la fabrication de l'huile, qui, malgré les progrès accomplis, paraît moins moderne, moins avancée que tant d'autres industries, a fait l'objet de vœux qui montrent aux constructeurs et aux techniciens la voie à suivre pour doter cette merveilleuse industrie de procédés adaptés à la technique moderne. Enfin, la défense de l'huile a préoccupé à juste titre votre IIIe Section, qui a d'abord défini, avec précision, les qualités de l'huile d'olive afin d'en opérer une classification qui renseigne déjà l'acheteur sur la valeur du produit. Mais vous avez surtout recommandé aux pays oléicoles de veiller jalousement sur ce produit précieux qu'est l'huile d'olive et vous avez demandé l'application de mesures rigoureuses pour éviter le mélange avec les huiles étrangères. Le Congrès se devait de vous suivre dans cette voie et de signaler aux Gouvernements l'urgence de la défense de l'huile pure.

Voilà, Messieurs, le beau, le fécond résultat obtenu par le IXe Congrès international d'Oléiculture.

Ils parlent plus haut et plus éloquemment que les meilleurs discours.

Ils permettront à vos gouvernements, à vos administrations, à vos associations ou sociétés oléicoles, à vos producteurs, à vos industriels, à vos commerçants, de tirer la morale de ce Congrès international qui a essayé, en s'appuyant sur la donnée de la science, d'aboutir à des résultats pratiques d'une application immédiate et rapide.

Je manquerais à mon devoir si je ne marquais de façon spéciale d'autres résultats importants de ce Congrès.

Nous avons réussi à réaliser l'idée qui était poursuivie depuis quelques années : celle de la création de la *Fédération internationale des Sociétés nationales d'Oléiculture*.

Cette Fédération internationale aura son siège naturel et tout indiqué auprès de l'Institut international d'Agriculture, à Rome.

Les oléiculteurs de tous les pays auront ainsi la garantie et la certitude que tous les vœux du Congrès seront suivis attentivement, étudiés avec compétence et que leur réalisation trouvera dans l'Institut international d'Agriculture un organe approprié pour lui donner une suite aussi rapide que possible.

D'autre part, le Congrès a décidé de ratifier la décision, déjà prise par le Comité permanent de l'Institut de Rome, de choisir Athènes comme siège du prochain Congrès international d'Oléiculture et de donner ainsi satisfaction immédiate à la proposition qui a été formulée, au nom du Gouvernement hellénique, par son délégué, M. Isaakidès.

Permettez-moi, maintenant, d'accomplir l'agréable devoir de remercier tous ceux qui ont contribué au succès de notre Congrès.

Nos hommages respectueux et notre profonde reconnaissance s'adressent tout d'abord aux Etats et aux Gouvernements qui ont bien voulu se faire représenter officiellement à cet important Congrès.

L'Egypte, l'Espagne, les Etats-Unis, la France, l'Algérie, la Grèce, l'Italie, la Tripolitaine, le Maroc, le Portugal, la Syrie ont accrédité auprès du Congrès leurs éminents représentants et je suis certain, Messieurs, d'être votre interprète fidèle, en adressant, aux Souverains et Chefs d'Etat de ces pays, l'hommage de notre respectueuse gratitude ainsi que les vœux sincères que nous formons pour le bonheur de leurs peuples.

Mais nos meilleurs sentiments de gratitude s'adresseront surtout à la Tunisie et à la France, qui ont assuré de façon si parfaite les succès de notre Congrès.

J'ai donc l'honneur, Messieurs, de vous proposer d'envoyer à Son Altesse

Mohamed el Habib Pacha Bey, ainsi qu'à M. Lucien Saint, ministre plénipotentiaire, Résident général de la France à Tunis, les deux adressses séparées dont voici la teneur :

« Adresse à Son Altesse MOHAMED EL HABIB PACHA BEY,
Possesseur du Royaume de Tunis,

TUNIS.

« Les membres du IXᵉ Congrès international d'Oléiculture prient Son Altesse Mohamed el Habib Pacha-Bey de vouloir bien agréer l'hommage de leur profond respect et de leur gratitude pour l'accueil cordial et la généreuse hospitalité qui leur ont été faits en Tunisie.

« Très reconnaissants du Haut Patronage que Son Altesse a daigné accorder au Congrès, ils sont heureux de Lui faire connaître le plein succès de cette grande manifestation internationale. Ils espèrent que ses résultats pourront accroître la prospérité du Royaume de Tunis, pour le bonheur duquel ils ont le grand honneur de Lui adresser leurs vœux les plus ardents, en même temps que leurs souhaits fervents pour la santé de Son Souverain.

« LOUIS DOP. »

« Adresse à Monsieur LUCIEN SAINT,
Ministre Plénipotentiaire, Résident Général de la France,

TUNIS.

« Au moment où le IXᵉ Congrès international d'Oléiculture termine ses travaux, les Représentants officiels des Etats adhérents au Congrès, ainsi que les Congressistes qui ont participé aux séances, se font un agréable devoir de vous exprimer leur unanime et profonde reconnaissance pour le Haut Patronage que vous avez bien voulu accorder au Congrès.

« Ils savent avec quel vif intérêt et quelle sollicitude vous avez suivi les travaux de cette grande manifestation internationale, dont ils sont heureux de constater le plein et brillant succès, dû à la parfaite organisation, ainsi qu'au dévouement des divers organes qui en ont assuré l'harmonieux développement.

« Les membres du Congrès ont été unanimement frappés par la cordialité des relations qui existent entre la population européenne et la population indigène, et ils constatent que cette heureuse collaboration, en assurant la prospérité actuelle et future de la Tunisie, a permis également d'associer intimement les oléiculteurs indigènes aux travaux du Congrès, qui ont été suivis par eux avec le plus vif intérêt.

« Les Congressistes expriment le vœu fervent que leur présence en Tunisie, dont ils garderont le plus agréable et le plus reconnaissant souvenir, soit un nouveau point de départ pour le développement de la production oléicole, pour l'industrie et le commerce de ce beau pays.

« Ils vous prient, Monsieur le Ministre, de vouloir bien agréer l'expression de leur respectueuse gratitude et leurs meilleurs vœux pour le développement de la Tunisie dont la France protectrice assure la paix, le bonheur et la prospérité.

« Ils vous prient, en outre, Monsieur le Ministre, de vouloir bien faire parvenir à Monsieur le Président de la République Française, l'hommage de leur profond respect, ainsi que l'expression des vœux sincères qu'ils forment pour le bonheur de la France protectrice de la Tunisie ».

*
* *

« Nos remerciements doivent s'adresser aussi à la Commission d'organisation du Congrès, présidée de façon si distinguée et si dévouée par M. Lescure, Directeur général de l'Agriculture, du Commerce et de la Colonisation, à Messieurs les Présidents des Chambres d'Agriculture et des Chambres de Commerce de Tunis, de Sousse, de Sfax, de Bizerte, aux Présidents des Chambres indigènes d'Agriculture et de Commerce de Tunis.

« Nous ne saurions oublier, d'autre part, le concours dévoué et empressé du Commissaire général et du Secrétaire général du Congrès. Ces distingués fonctionnaires n'ont cessé de nous entourer de leurs attentions, se sont ingéniés à résoudre toutes les difficultés inhérentes à une organisation aussi difficile. Aussi serons-nous unanimes à leur adresser nos sincères et cordiales félicitations et nos meilleurs remerciements.

Nos interprètes et traducteurs ont été, de leur côté, de fidèles intermédiaires de la pensée et de la parole des nombreux orateurs et nous leur adressons nos vifs remerciements.

« Je manquerais au plus impérieux, comme au plus agréable de mes devoirs de Président, si je ne faisais ressortir avec la plus grande complaisance la participation active des oléiculteurs indigènes aux travaux du Congrès.

« Ils ont suivi nos séances avec le plus vif intérêt, à Sfax en particulier, et nous avons pu constater, par leurs interventions dans les discussions, combien le progrès agricole leur tient à cœur. Ils sont les bons ouvriers de la première heure et nous serons tous unanimes, Messieurs, à leur adresser nos compliments et à les assurer de nos sentiments de cordiale solidarité.

« Nos travaux si absorbants ont eu heureusement des interruptions fort agréables.Les fêtes, les réceptions, les champagnes d'honneur qui nous ont été offerts,au cours de nos excursions et de nos visites, dans les diverses régions de la Tunisie, laissent, dans nos esprits, un souvenir inoubliable et, dans nos cœurs, une gratitude que le temps n'effacera pas.

« Nous emportons de la Tunisie une impression de beauté, de richesse, de fécondité.

« La population si hospitalière nous a prodigué les témoignages de sa considération, de sa courtoisie, de son respect.

« Qu'elle reçoive ici l'expression de notre profonde gratitude et de notre souvenir ému.

« Tunis, Sousse, Sfax représentent à nos yeux une triologie qui trouve son unité dans les travaux et les résultats acquis par le IXe Congrès international d'Oléiculture.

« Chacune de ces villes a apporté sa contribution importante au succès du Congrès.

« La variété du climat, la variété des cultures, la variété des méthodes employées dans les diverses régions a permis de faire des comparaisons utiles, et de tirer, pour tous les congressistes, un enseignement précieux de tout ce qui a été dit, observé et décrit.

« Les journées inoubliables passées en Tunisie constituent pour nous tous un anneau de plus dans la chaîne des sentiments de solidarité qui unissent les oléiculteurs de tous les pays.

« Puissent ces sentiments grandir et se multiplier et quand nous nous rencontrerons, dans deux ans, sur les ruines du Parthénon et que nous évoquerons, sous les colonnes du Temple antique, les souvenirs de Carthage la punique, nous considèrerons comme un titre de gloire notre présence au IXe Congrès international d'Oléiculture et nous pourrons dire avec fierté : « J'y étais ! »

(Applaudissements répétés).

Après M. Louis Dop, les chefs des diverses délégations demandent la parole et prononcent les discours ci-après :

Discours de M. Abdel Wahab Fahmy

Délégué de l'Egypte (traduction)

MESSIEURS,

Je suis très reconnaissant au Gouvernement Egyptien d'avoir bien voulu me désigner comme représentant de mon pays à ce IXe Congrès international d'Oléiculture.

C'est certainement à cause de la grande importance de ce Congrès que mon Gouvernement a tenu à y collaborer. Or, les résultats pratiques obtenus par les divers études et vœux présentés au cours de ce Congrès répondent pleinement au but poursuivi par mon Gouvernement.

En effet, Messieurs, ce Congrès ne s'en est pas tenu exclusivement à des travaux scientifiques et théoriques. Il s'est résolument lancé dans la recherche des réalisations pratiques qui répondent aux vues de mon Gouvernement, et je considère que le programme des excursions a été aussi important que les études et vœux présentés au cours de nos séances.

C'est que, Messieurs, au cours de nos excursions, nous avons vu des plantations admirables, surtout la forêt de Sfax, et qui peuvent être citées et considérées comme des modèles dans le monde entier.

Les résultats obtenus dans la culture de l'olivier en Tunisie et nécessairement dans les autres domaines, sont dûs, sans nul doute, à cette collaboration franche et loyale dans le travail, que nous avons tous remarquée, entre les divers éléments de la population de la Tunisie.

C'est pourquoi, Messieurs, je dois de la reconnaissance aux organisateurs de ce congrès, Comité d'organisation et fonctionnaires de la Direction de l'Agriculture, à M. le Président Dop, qui a dirigé nos travaux et nos débats avec une haute compétence et une grande impartialité. En terminant, je présente mes hommages les plus respectueux aux représentants de la France, à Son Altesse le Bey et à la population entière de la Tunisie.

Discours de M. Priego

Délégué espagnol

Monsieur le Contrôleur Civil,

Autorités tunisiennes et sfaxiennes,

Représentants des Associations agricoles et commerciales,

Messieurs les Congressistes,

Les travaux du Congrès tunisien d'Oléiculture s'achèvent avec la séance solennelle que nous tenons. Minerve, sous la forme moderne de la science oléicole a veillé pour le succès de ce Congrès que nous avons célébré en l'honneur de son arbre de prédilection, l'olivier, et c'est sans doute pour cela que nous avons vu régner parmi nous, cet esprit de fraternité et de concorde qui me réjouit profondément.

A la Commission organisatrice du Congrès et au prestige de son Président, nous devons surtout de si heureux et brillants résultats, mais il est de toute justice de reconnaître que les Autorités qui régissent ce pays, ainsi que celles de toutes les localités que nous avons traversées, nous ont fourni toutes les facilités matérielles et nous ont encouragés par leur accueil courtois et leur cordialité.

Les congressistes espagnols emportent de ce pays des souvenirs inoubliables. Ils ont pu admirer ses beautés naturelles et le degré élevé de sa civilisation, ainsi que le progrès de sa production, notamment de celle de l'olivier qui promet non seulement un avenir très brillant, mais qui est actuellement dans une situation superbe.

Au nom de la Délégation officielle espagnole, j'exprime notre reconnaissance pour toutes les attentions dont nous avons été l'objet et je manifeste notre désir, que dans les prochains Congrès oléicoles, nous puissions continuer à resserrer les liens d'union que nous venons d'établir dans celui qui va se terminer.

Discours de M. H. Latière

Délégué de la Société nationale d'Oléiculture et Délégué de la France

Messieurs,

Au moment où s'achève le IX° Congrès international d'Oléiculture, j'ai l'agréable mission d'adresser, au nom de M. le Ministre de l'Agriculture de France, les remerciements et les félicitations les plus sincères aux organisateurs de ce Congrès.

Ces remerciements s'adressent tout particulièrement à M. Lescure, l'éminent Directeur général de l'Agriculture, du Commerce et de la Colonisation, et à ses dévoués et distingués collaborateurs MM. Robinet, Laverdet et Verry.

(Applaudissements).

Ces remerciements s'adressent également aux Comités régionaux et tout spécialement à M. Boucher, Président de la Chambre mixte de Sfax.

Ayant eu l'heureux privilège d'assister à tous les Congrès internationaux d'Oléiculture qui se sont tenus depuis 1906, je puis affirmer que le IXe Congrès, par l'intérêt qu'il a présenté, les résultats qu'il a obtenus, sous la présidence éclairée de M. Louis Dop, est digne de ses devanciers.

Comme l'ont fait la Société nationale d'Oléiculture de France, aux six premiers Congrès internationaux qu'elle a organisés à Toulon, Avignon, Marseille, Ajaccio, Alger, Bougie et Marrakech, la Société nationale des Oléiculteurs espagnols, au Congrès de Séville, la Société nationale des Oléiculteurs italiens, au Congrès de Rome, le Comité d'organisation du IXe Congrès a voulu montrer à tous l'œuvre oléicole magnifique réalisée en Tunisie sous l'égide de la France républicaine protectrice, civilisatrice par la bonté, l'enseignement et la justice. Il y a pleinement réussi.

Nous avons admiré votre œuvre, Messieurs, cet édifice grandiose que vous avez élevé à l'olivier et auquel vous travaillez sans cesse ; nous avons mesuré la grandeur des efforts de vos colons en collaboration étroite avec les indigènes.

Vous avez adopté les méthodes rationnelles pour la culture de l'olivier, vous avez perfectionné au plus haut point l'industrie oléicole et, grâce à vos méthodes et à vos perfectionnements, vous obtenez aujourd'hui des huiles d'olive de qualité irréprochable, qui font prime sur tous les marchés.

Soyez-en félicités. La Tunisie est devenue un grand pays oléicole et son avenir est désormais assuré par l'olivier. La France en est heureuse et fière.

Mais le IXe Congrès a accompli une autre œuvre, dont nous devons aussi nous réjouir. Il a resserré, entre les pays oléicoles méditerranéens, les liens que la Société nationale d'Oléiculture de France a noués, il y a 22 ans, au premier Congrès international d'Oléiculture de Toulon. Ces liens doivent se resserrer toujours davantage.

Plus l'olivier s'étend, plus l'huile d'olive perfectionne ses qualités, plus le nombre de ses ennemis augmente, et plus nombreux deviennent les assauts qui lui sont livrés.

Les fidèles sujets de cette reine doivent donc rester de plus en plus unis.

Ils doivent plus que jamais serrer leurs rangs, marcher la main dans la main, dans une même pensée de devoir et de solidarité.

Ils doivent intensifier la propagande internationale pour faire connaître aux consommateurs mondiaux les qualités incomparables de l'huile d'olive.

C'est à ce prix que l'huile d'olive sera victorieuse.

Et à ce jour de victoire, nous aurons alors bien mérité de nos pays respectifs, car nous aurons contribué à assurer, dans la mesure de nos moyens, leur richesse et leur prospérité.

Discours de M. Vivet

Délégué de l'Algérie

Monsieur le Président,

Messieurs,

C'est avec une profonde reconnaissance que j'adresse, au nom de la délégation du Gouvernement général de l'Algérie, les plus chaleureux remerciements au Comité d'organisation du Congrès et aux personnes qui nous ont reçus au cours des différentes manifestations auxquelles nous avons assisté.

Venant d'un pays où les colons ont un large esprit d'initiative, je ne vous cacherai pas que j'ai été très profondément et très agréablement surpris, du développement extraordinaire, prodigieux, pris par la culture de l'olivier en Tunisie.

Après avoir visité les plantations de la région du Nord, plantations qui rappellent un peu nos plantations algériennes, quoique nous ayons en Algérie des plantations en meilleur état dans bon nombre de régions, nous avons été émerveillés, d'abord des plantations que nous avons trouvées au domaine de la Société Franco-Africaine à l'Enfida, puis, ensuite, en parcourant ces admirables forêts de la région de Sousse, où cette année les branches ploient sous une abondance exceptionnelle. Mais c'est à Sfax que nous avons eu un véritable émerveillement en constatant ces alignements sans fin, ces plantations régulières d'arbres sains, vigoureux et qui, on le sent, doivent assurer une production abondante pour l'avenir, ces arbres qui, par leur alignement majestueux, rappellent certains de nos parcs d'Europe.

Messieurs, j'exprime aussi la vive satisfaction que nous avons eue de nous trouver ici avec les délégués des différents pays qui sont représentés au Congrès. Nous avons entretenu avec eux les relations les plus cordiales. Nous avons pu parler de nombreuses questions intéressant la culture de l'olivier et la fabrication de l'huile; au cours de ces conversations, nous avons pu recueillir un grand nombre d'indications utiles.

J'avais l'intention de proposer au Congrès la ville d'Alger comme siège du prochain Congrès de 1930; mais M. le Président Louis Dop m'a fait remarquer qu'il y avait des engagements pris et je m'en voudrais de contrarier, en quoi que ce soit, les projets de notre excellent ami, M. Isaakidès, qui a obtenu gain de cause sur cette question.

Alger aurait été heureuse et fière de recevoir le Xe Congrès d'Oléiculture.

Vous savez que nous organisons pour le Centenaire de l'Algérie de grandes manifestations. Un certain nombre de congrès sont prévus à cette occasion et, naturellement, le Xe Congrès international de l'Oléiculture aurait pu venir dans le cycle de ces manifestations. Mais j'espère que, quoi que le congrès ait lieu à Athènes, un grand nombre des congressistes présents ici voudront bien nous faire le plaisir de nous rendre visite en Algérie, en 1930, et prendre part aux grandes manifestations qui vont être organisées.

Encore une fois, merci pour l'accueil si chaleureux que nous avons reçu du Comité d'organisation, du Commissariat général, du Secrétariat, et je me permets aussi de remercier tout particulièrement M. Louis Dop qui nous a témoigné tant de bienveillance et tant de sympathie depuis que nous sommes ici.

Je termine en exprimant la conviction que les travaux du Congrès continueront à assurer d'une façon efficace le perfectionnement de la culture de l'olivier et de la fabrication de l'huile d'olive dans les différents pays du bassin méditerranéen.

Discours de M. Isaakides

Délégué du Gouvernement Hellénique

MONSIEUR LE PRÉSIDENT,

MESSIEURS,

Les beaux jours du IXe Congrès international d'Oléiculture passent, mais les beaux souvenirs de ce Congrès resteront ineffaçables.

Nous sommes venus en Tunisie, de différents et lointains pays du monde, très aimablement conviés par la France.

Nous nous sommes rencontrés avec de chers vieux collègues et nous avons fait la connaissance de nombreux autres.

Nous avons collaboré très efficacement et nous avons discuté très fructueusement différentes questions intéressant l'oléiculture :

L'étude des variétés; L'influence du climat et de la nature du sol, les façons culturales, la taille de l'olivier, la fumure, la défense contre les ennemis et les maladies de l'olivier et spécialement la mouche de l'olive, les divers procédés d'extraction de l'huile d'olives et de grignons; le commerce des produits de l'olivier, ont été autant d'objets de discussions très intéressantes du Congrès. Notre collaboration a eu pour résultats, soit de prendre des résolutions, soit de déterminer les directives pour nos travaux ultérieurs.

Les séances du Congrès ont été complétées par nos excursions aussi intéressantes qu'agréables. Les oliveraies de la Tunisie se continuaient sans cesse. Le Comité d'organisation du Congrès a bien su nous montrer la richesse oléicole de la Tunisie dans toute son ampleur. Nous avons constaté, sur place, tous les soins minutieux donnés à la culture de l'olivier et à l'industrie de ses produits. Le choix des souchets; l'écartement des arbres; la taille annuelle, la conservation de l'humidité du sol; la cueillette des olives, sont les principaux points pour lesquels le beau et riche pays de la Tunisie a tout droit d'être fier de son oléiculture.

En parcourant les régions oléicoles de la Tunisie, nous avons trouvé l'hospitalité la plus cordiale et la plus généreuse, partout, à Bizerte, à Soliman comme à Sousse, à Sfax et ailleurs.

Sous peu nous rentrerons dans nos patries respectives auxquelles nous apporterons les résultats de cette heureuse collaboration.

Nous sommes ainsi redevables de la plus grande reconnaissance à la France, qui nous donne l'exemple du progrès et qui a aussi judicieusement inauguré les Congrès internationaux d'Oléiculture, si efficaces pour l'accroissement et l'amélioration de la production oléicole dans tous les pays. Nous félicitons toutes les Nations qui sont venues collaborer à ce Congrès, se prêtant mutuellement leur concours pour le développement de leur source commune de richesse.

Avec ces sentiments, maintenant que le moment de notre séparation approche, j'adresse, en ma qualité de délégué de l'Etat Hellénique au IXe Congrès international d'Oléiculture, mes profonds remerciements à la France protectrice de la Tunisie, pour le bon accueil dont j'ai été l'objet et pour tout ce dont j'ai profité pendant mon séjour ici. J'adresse également mes profonds remerciements, à tous ceux qui participèrent au IXe Congrès International d'Oléiculture, pour leurs indications précieuses.

Messieurs, je vous prie, conformément à la décision prise par notre Congrès sur la proposition du Gouvernement Hellénique et de l'Institut international d'Agriculture, de venir tous, dans deux ans, en Grèce, afin de collaborer de nouveau pour les soins à donner à notre arbre précieux, et afin de connaître également l'oléiculture grecque. Nous discuterons là, les résultats de nos nouveaux travaux et les intérêts de l'oléiculture mondiale sous le feuillage de l'olivier de Platon, sur les pentes de l'Acropole, au berceau de l'olivier où Athéna a fait pousser son arbre et en Olympie, où les anciens Grecs couronnaient les vainqueurs avec les rameaux d'oléastre, emblême de suprématie.

Discours du Professeur Petri

Délégué de l'Italie

Monsieur le Ministre,

Excellence,

Messieurs,

A la fin de nos travaux, en ma qualité de premier Délégué de l'Italie, je suis bien heureux d'exprimer au nom de la Délégation italienne, notre pleine satisfaction pour l'œuvre accomplie.

Nos débats se sont déroulés dans une atmosphère de solidarité et de cordiale amitié, qui constitue la note la plus sympathique de notre vie en commun pendant ces jours de travail et pendant les visites agréables et intéressantes aux merveilleuses oliveraies, ainsi qu'aux usines d'extraction de l'huile.

C'est grâce à ces nombreuses excursions que nos travaux, quoique importants et nombreux, n'ont pas été fatiguants. De cette parfaite organisation du Congrès, nous sommes très reconnaissants à la Commission organisatrice, qui nous a comblés de toutes sortes d'amabilités et de soins.

En considérant les résultats atteints par les diverses sections et qui seront résumés dans les vœux soumis tout à l'heure à l'approbation du Congrès, nous constatons que difficilement, en d'autres réunions semblables, on a tracé avec tant de précision et avec tant de conviction et de foi un programme de travail.

Ce sera notre tâche, chacun dans notre pays, de faire tous les efforts pour la réalisation de ces vœux. La Délégation italienne désire envoyer l'expression de sa gratitude et de son profond respect aux Hautes Autorités qui ont bien voulu accorder leur patronage au Congrès, aux Gouvernements Français et Tunisien et aux autorités de la ville de Sfax.

Elle désire aussi témoigner, en particulier, sa reconnaissance à Monsieur le Président du Congrès, infatigable et incomparable dirigeant de nos travaux.

Nous souhaitons enfin que l'œuvre du Congrès ait un développement de résultats pratiques et qu'elle contribue à rendre plus intimes les liaisons de fraternité et de collaboration féconde entre les divers pays oléicoles.

Discours de M. Bey Roset

Délégué du Maroc

Messieurs,

Je suis vraiment heureux d'avoir été désigné par le Protectorat de la République Française au Maroc, comme délégué au IXe Congrès international d'Oléiculture dont nous clôturons actuellement les assises.

Cela m'a permis de venir, enfin, sur ce coin de terre africaine, dont l'histoire prodigieuse avait hanté mon cerveau d'adolescent et que les récits savoureux, les descriptions si vivantes de Flaubert, d'autres aussi, la musique si prenante de Reyer, m'avaient fait connaître et aimer d'avance.

Je suis donc venu, l'esprit plein de souvenirs et d'images, mais à cause de cela précisément, avec une certaine crainte de désenchantement, à l'apparition de la réalité crue.

Les montagnes ne sont bleues que de loin me disais-je. Eh bien, je l'avoue; maintenant que j'ai vu, que j'ai bien vu, je suis charmé, je suis conquis.

La Tunisie est un pays captivant avec ses richesses archéologiques, ses beautés touristiques, son littoral gracieux, sa mer, son ciel.

Je connais dès lors l'hospitalité accueillante de sa population, le pittoresque de ses cités et maintenant, surtout, l'immensité de ses forêts d'oliviers. Trésor inestimable, infini, œuvre grandiose, gigantesque, qui témoigne de l'initiative intelligente, hardie, audacieuse de la Direction qui l'a conçue et lancée et du courage patient, obstiné, de ceux qui l'ont entreprise et si bien réussie.

J'ai encore, dans les yeux, cette vision fortement impressionnante de cette forêt sfaxienne visitée hier. Mon âme a tressailli devant ce spectacle et je restai figé d'admiration.

Mais pourquoi appeler cela forêt ? Une forêt ? c'est quelque chose d'épais, de touffu, d'ombragé, de sombre, de ténébreux. Or, vos olivettes sont, au contraire, régulières, éclairées, aérées, ce sont de magnifiques vergers, magnifiquement tracés et entretenus — des paradis comme disent les Perses.

Oh non, elles ne sont point le séjour des Sylvains bruyants et batailleurs, hôtes des halliers épais, mais bien celui des muses pacifiques et douces, des Nymphes laborieuses, au pas furtif et vaporeux, génies tutélaires des arbres.

Que ces nymphes, que ces hamadryades conservent la gloire de celui qui a conçu ces superbes olivettes et accordent de longs jours de prospérité aux arbres et à leurs heureux propriétaires.

Ce Congrès n'aura pas été, pour moi, qu'une source abondante d'impressions charmantes, mais encore, mais aussi, une véritable moisson d'enseignements.

Des discussions variées sur tous les thèmes oléicoles, des visites d'établissements industriels et agricoles, des démonstrations d'entretien des plantations, des nombreux rapports établis et commentés, va sortir une riche documentation, la pierre précieuse de ce Congrès.

Et dans quelle atmosphère de chaude cordialité se sera déroulée cette belle manifestation !

Grâces vous soient rendues, Monsieur le Président, qui l'avez dirigé avec tant d'autorité, de tact et de bienveillance; grâces à vous, Messieurs les Vice-Présidents, à vous, mes chers Collègues d'ici et de tous les pays qui l'avez rendu si intéressant par vos travaux, votre compétence, et si attrayant par votre courtoisie et votre sympathie.

Mais si le succès, dont nous nous réjouissons est très vif et très grand, il est dû, pour une très grande part, à l'organisation parfaite de ce Congrès qui fut assuré par la Direction générale de l'Agriculture.

Je sais ce que demande d'efforts, de travail, de soucis, de tracas, d'ennuis une telle organisation, aussi n'est-ce qu'avec plus de sincérité et plus d'affection que j'adresse à M. Lescure, le très distingué et très affable Directeur général de l'Agriculture, du Commerce et de la Colonisation du Protectorat tunisien, et à ses dévoués collaborateurs mes plus vives félicitations et mes plus ardents sentiments de reconnaissance.

A notre rapporteur général, M. Laverdet, qui n'a cessé d'être sur la brèche, j'apporte publiquement un hommage bien mérité de gratitude, ainsi qu'à vous, administrateurs de Régions et de Municipalités, et à vous aussi, Colons, dont les réceptions furent si cordiales et si généreuses.

Effectivement, Messieurs, la Tunisie est un pays prenant.

Discours de M. Hallage

Délégué de la Syrie

Monsieur le Président,

Messieurs,

Je suis heureux de vous transmettre le salut le plus chaleureux de Son Excellence le Ministre de l'Agriculture et du Commerce de l'Etat de Syrie que j'ai eu l'honneur de représenter, pour la première fois, à ce Congrès d'Oléiculture.

Si, pour des raisons diverses, notre Ministère n'a pu se faire représenter aux Congrès antérieurs, il n'en suivait pas moins avec un vif intérêt les travaux élaborés par les éminentes personnalités qui forment la Commission d'Oléiculture et les études faites dans les divers pays oléicoles du bassin méditerranéen.

Je souhaite pour les travaux du Congrès qui va se clôturer les résultats les plus heureux et les plus féconds.

Conscient de l'importance de la culture de l'olivier et des améliorations que nécessitait son extension, le Gouvernement syrien se préoccupe de tous les moyens susceptibles de développer cette culture sur son territoire.

La Syrie a pratiqué jadis l'oléiculture sur de très larges étendues. D'aucuns même la considèrent comme la patrie de l'olivier. Le fait certain c'est que l'olivier est connu et cultivé, de temps immémorial, dans tout ce proche Orient, dont la Syrie constitue la façade lumineuse sur la Méditerranée Orientale.

D'après les plus anciens livres hébreux, cet arbre a été l'arbre promis de la terre de Chanaan; la Genèse rapporte que la colombe lâchée par Noé rapporta une feuille d'olivier; si l'on veut tenir compte de cette tradition, il faut présumer que l'olivier existait déjà dans les territoires de l'Arménie où l'on place le mont Ararat.

Les anciens Egyptiens, eux aussi, cultivaient l'olivier, qu'ils dénommaient *tât*. Des rameaux et feuilles d'oliviers auraient été trouvés dans les sarcophages découverts par les égyptologues.

Il en résulte que la patrie préhistorique de l'olivier s'étendait depuis l'Arménie jusqu'à l'Attique, pour atteindre l'Egypte, à travers les côtes méridionales de l'Asie-Mineure, la Syrie et le pays des Philistins.

Je ne suivrai pas ici l'évolution de la culture de l'olivier dans le Proche-Orient.

Qu'il me suffise de dire que, jusqu'en 1914, les oléiculteurs de la Syrie donnaient une attention plutôt mitigée à la culture de cet arbre, surtout à son développement et à son amélioration.

Cette situation, née des méthodes empiriques du passé et des conséquences inévitables de la dernière guerre, n'a pas laissé d'amener le Département de l'Agriculture de Syrie à placer, au premier plan de ses préoccupations, le relèvement de l'oléiculture syrienne.

A cet effet, nos Services Agricoles donnèrent à la culture de l'olivier une impulsion nouvelle : conseils, tracts, démonstrations dans les champs d'essai, conférences et encouragements financiers, aucun moyen n'a été ménagé pour développer l'oléiculture sur les territoires de l'Etat de Syrie.

Conscient du rôle très appréciable que l'oléiculture joue dans l'économie du pays, le Gouvernement syrien se préoccupe d'encourager sans cesse son extension et de faire bénéficier cette culture de toutes les améliorations que nécessitent son développement et sa prospérité.

Pour atteindre plus sûrement ce but, la Syrie s'inspirera toujours, dans l'intérêt de ses oléiculteurs, des progrès qu'a réalisées sa sœur la Tunisie, des enseignements et des études des éminentes personnalités de tous les pays intéressés dans la culture de l'olivier et dans son progrès.

En traversant les belles régions oléicoles de Tunis, de Sousse et de Sfax, j'ai été émerveillé devant tant de progrès réalisés en si peu d'années, j'ai admiré l'initiative du colon avisé, associée au labeur de l'indigène qui lui prête son concours.

Partout où nous avons passé, j'ai été profondément touché de cet accueil splendide et émouvant dont nous avons été l'objet, sur la terre tunisienne, terre hospitalière de l'étranger. J'emporte, Messieurs, de la Tunisie, sœur de la Syrie, tout le long de mon voyage, jusqu'à la grande cité de Damas, toujours en traversant la mer jusqu'au Barada aux bras frais, qui coule aux pieds des terrasses, serpentant à travers nos belles forêts d'oliviers, à travers les prairies, les vergers touffus que les grenadiers piquent de leurs fleurs rouges, à travers les myrtes dont le vent du crépuscule maraude les parfums, oui, Messieurs, j'emporte de Tunis, de Sousse et de Sfax mon plus cher souvenir, un souvenir touchant et inoubliable.

Je formule, Messieurs, les meilleurs souhaits pour la prospérité de la France, de la Tunisie, de la Société d'Oléiculture métropolitaine qui, la première, a lancé l'initiative de ces Congrès internationaux, pour la prospérité de l'Institut international de Rome et enfin pour la prospérité de toutes les Nations alliées et amies de la France représentées dans ce Congrès.

(Applaudissements).

Après les chefs des délégations officielles, MM. Cruz Valero, délégué de la Société des Oléiculteurs d'Espagne, M. de Medici, au nom de la Société des Oléiculteurs italiens et M. ENRICO ARRIGO, au nom de l'Institut expérimental d'oléiculture d'Imperia, tiennent également à remercier en quelques mots les organisateurs du Congrès et les Autorités de la ville de Sfax.

La séance est levée à onze heures et demie et les congressistes se rendent au banquet de clôture.

EXCURSIONS
ET CÉRÉMONIES DIVERSES

Le programme du IX⁰ Congrès international d'Oléiculture comportait, en dehors des travaux techniques, des excursions dans les principaux centres agricoles et touristiques. Les itinéraires et horaires ont déjà été indiqués à la page 17 du volume I.

Le compte rendu ci-après relate, dans un ordre chronologique et par région, la succession des visites et cérémonies diverses (circuits A et B du programme).

Le Président du Congrès, M. Louis Dop, qu'accompagnait sa très gracieuse femme, Mᵐᵉ Louis Dop, présida avec une autorité et une méthode incomparables en même temps qu'avec la plus exquise urbanité, aux manifestations qui se déroulèrent dans toutes les villes et localités de la Régence traversées par les congressistes.

Le Commissaire général du Congrès. M. Verry, dirigea les excursions avec une maîtrise et une précision auxquelles chacun rendit hommage.

Les déplacements en automobiles et le séjour des congressistes dans les villes de la Régence furent parfaitement organisés par les soins de l'Agence de Voyages Hignard.

Samedi 27 octobre, soir — TUNIS

LA FÊTE ORIENTALE DU PAVILLON DU BELVÉDÈRE

La Municipalité de Tunis et la Commission d'Organisation du IX⁰ Congrès international d'Oléiculture avait convié les congressistes et leurs familles à une soirée orientale qui se déroula dans le cadre magnifique du Pavillon du Belvédère.

De nombreuses personnalités assistaient à cette belle soirée, parmi lesquelles : M. Bonzon, ministre plénipotentiaire, Délégué à la Résidence générale ; Si Younès Hadjouj, représentant S. A. le Bey ; le général Laignelot, commandant supérieur des Troupes en Tunisie ; Si Chadly-el-Okby, cheikh el Médina ; Curtelin et Abribat, vice-présidents de la Municipalité ; Saleddine Baccouche, caïd de la banlieue les Présidents et Vice-Présidents des Chambres de Commerce et d'Agriculture françaises et indigènes ; M. Gadrat, chef des services administratifs de la Municipalité ; tous les délégués officiels, et un grand nombre de congressistes.

Sur une estrade artistiquement décorée, des danseuses évoluaient et leur buste se mouvait en des danses lascives et étranges qui ne manquèrent pas d'intéresser ceux de nos visiteurs, qui assistaient pour la première fois à pareil spectacle.

En fin de soirée, à la demande générale, M. Charlesky, artiste au Palmarium, donna, d'une façon toute désintéressée, un échantillon de son talent, et enthousiasma l'assistance en particulier dans « Paillasse » Il était, d'ailleurs, assisté en cela, et toujours gracieusement, par le populaire et excellent pianiste Rossi.

En un mot, brillante soirée, que tout le monde quitta enchanté.

Dimanche 28 octobre

VISITE DE LA VILLE ET DE SES ENVIRONS (2e Région)

La première journée d'excursion, dimanche 28 octobre, est réservée à la visite de la ville de Tunis et de ses environs.

Après une rapide promenade dans la ville européenne, découpée en véritable damier par des rues larges et bien tracées, les autos emportent les congressistes vers les hauteurs du Belvédère, d'où la vue embrasse la ville, le lac et le golfe de Tunis, Carthage, Hammam-Lif, les montagnes du Bou-Kornine, du Ressas et du Zaghouan, le lac de Sedjoumi, le Djebel-Ahmar et sa forêt d'oliviers, La Manouba et l'aqueduc romain, panorama splendide et unique, qu'un gai soleil d'automne se plaît à inonder de lumière pour cette visite matinale.

Les autos traversent ensuite le populeux quartier de Bab-Souika et, par le boulevard Bab-Benat, gagnent la place de la Kasbah. Après un rapide coup d'œil sur les bâtiments des grandes administrations que le Gouvernement a groupés dans cette partie haute de la ville, les congressistes s'engagent dans les rues étroites de la Médina, véritable cœur de la ville indigène, qui a gardé son pur cachet oriental. C'est d'abord la *Mosquée Ez-Zitouna*, ou Mosquée de l'Olivier, qui se révèle à l'attention des visiteurs, par son beau minaret. Pendant plus d'une heure, c'est la promenade à travers les souks, où le spectacle le plus original attend nos invités. Dans les rues étroites, bordées d'échoppes, tous les petits métiers sont représentés et groupés par ca-

TUNIS. — Groupe de congressistes dans le jardin du Palais des Sociétés françaises

tégories. Les minuscules boutiques et les riches magasins offrent aux regards des visiteurs toutes les ressources de l'artisanat indigène : tissus, parfums, tapis haute-laine, maroquinerie, etc.

C'est un peu à regret que la caravane quitte ce quartier, pittoresque et animé, pour se rendre au Bardo. Après la visite traditionnelle du palais beylical, le musée Alaoui retient tout particulièrement l'attention des congressistes, qui admirent les collections uniques d'objets provenant de la Carthage punique et de la Carthage romaine.

A quatorze heures a lieu le départ pour l'excursion dans la banlieue de Tunis. Un court arrêt est prévu pour la visite de l'huilerie expérimentale de la Ghaba, située sur le domaine de l'Ecole Coloniale d'Agriculture et rattachée à la chaire de technologie de cet établissement. Dans cette huilerie, de construction récente, bien aménagée et pourvue d'un outillage moderne, se poursuivent les essais et les recherches concernant l'amélioration des procédés de fabrication de l'huile d'olive.

L'extraction de l'huile se fait à l'aide d'un concasseur (Lobin), un broyeur à meules cylindriques et cinq presses hydrauliques, dont deux préparatoires et trois finisseuses (marque Blachère).Ce matériel type, qui est celui employé couramment dans les huileries de la région, sert de base pour les essais comparatifs des différents modèles utilisés en oléifacture. C'est ainsi que l'appareil Acapulco a été essayé au cours des dernières campagnes, tandis que les essais de presse à double pression (marque Lobin et Druge) et de presse à cage (marque Horme et Buire), sont prévus au programme de la campagne qui commence.

Pour la séparation de l'huile et des margines, trois méthodes sont mises en comparaison et ont fait l'objet de nombreuses observations :

1° Séparation à la cuillère, procédé ancien et encore très courant en Tunisie;

2° Séparation continue par décanteurs automatiques constitués par des bacs en maçonnerie communiquant entre eux par siphons;

3° Séparation par appareils centrifuges de différentes marques : Alfa Laval, Hignette et Sharples.

Tous les essais faits jusqu'à ce jour par M. Rousseau, professeur de thechnologie à l'Ecole coloniale d'Agriculture, ont fait l'objet de notes et rapports publiés dans le Bulletin de la Direction générale de l'Agriculture.

Les autos se mettent en route vers Carthage et ses ruines romaines. Le musée Lavigerie est visité en détail. Les belles collections archéologiques, dues en grande partie à l'effort persévérant du R. P. Delattre, retiennent tout particulièrement l'attention des visiteurs. La Marsa et le pittoresque village arabe de Sidi-bou-Saïd complètent à merveille le programme de cette première excursion plus touristique qu'agricole, mais qui eut pour elle le mérite de charmer les congressistes.

L. CAMBLAT,

Conseiller agricole de la 2e Région.

(Tunis)

Mardi 30 octobre, après-midi

EXCURSION DANS LA 1re RÉGION (Bizerte)

La caravane du Congrès part de Tunis à 13 heures pour Bizerte, par El-Aoudsja et El-Alia. Du Bardo à Ville-Jacques, les congressistes traversent les vieilles olivettes des environs de Tunis, avec leurs arbres à tronc évidé, à branches principales également creuses et, cependant chargées de fruits, malgré leur âge avancé.

Le temps limité ne permet pas de visiter au passage l'olivette expérimentale de la Ghaba, située à la Menhila et où l'on a effectué un essai très intéressant de reconstitution de vieux oliviers par rejets obtenus après dessouchage.

A la Cebala, le port des oliviers du Nord, modifié par une taille rationnelle, intéresse vivement les membres du Congrès spécialistes de la taille de l'olivier. Après la Cébala, les plaines à céréales font suite aux olivettes jusqu'à El-Aoudsja, où les congressistes admirent les vigoureux oliviers de cette localité, renommés par la richesse en huile de leurs fruits.

Les autos s'égrènent sur la route et franchissent la Medjerdah à Protville sur l'un des rares ponts arabes existant avant l'occupation française.

El-Alia, premier centre oléicole à visiter, apparaît au loin, îlot tout blanc dans le massif de verdure de ses olivettes. Village exclusivement indigène, il comprend une population très laborieuse dont l'olivier est la principale richesse.

M. Mottes, contrôleur civil de Bizerte, président du Comité régional, et la plupart des membres de ce Comité : MM. Vernisse, vice-

El-Alia. — Réception des congressistes par les autorités et la population

président de la Municipalité, le Général Bel-Khodja, caïd-gouverneur; Reycoudier, président de la Chambre de Commerce; Guerin et Granjon, membres de la Chambre; Youssef Sfaxi; Béchir El Annabi, membre du Grand Conseil, reçoivent les congressistes à l'entrée du village.

Une réception les attend sur la petite place d'El-Alia, parée pour la circonstance par les indigènes eux-mêmes.

Un café maure est servi à chacun, dans un cadre purement arabe, dont l'éblouissante blancheur est ponctuée par les tapis de Bizerte qui décorent la table d'honneur.

Paroles de bienvenue, musique indigène, permettent aux touristes de constater combien les manifestations oléicoles intéressent les producteurs arabes de la régions.

Quelques explications sont données par M. Mottes sur la forêt d'oliviers qui s'étend à nos pieds. 78.000 arbres, par parcelles souvent de très petite surface (la propriété est très morcelée), assurent, annuellement, environ 200.000 kilogr. d'huile. Cinq huileries, dont deux de construction récente et très moderne, travaillent ces olives.

Les remerciements de M. Louis Dop, pour la belle réception d'El-Alia, donnent aux notables et à la foule des indigènes qui entourent leur cheikh la certitude que leur accueil a été particulièrement apprécié par les congressistes.

Le temps presse et la caravane se remet en marche vers Bizerte, admirant, au passage, le beau spectacle de Menzel-Djemil et de Menzel-Abderraman, entourés d'oliviers, au bord du lac de Bizerte. Tout au fond du lac, on distingue à peine Ferryville et les grands mâts des bâtiments de la flotte.

Les oliviers chargés de fruits et les cultures maraîchères qui bordent la route montrent aux congressistes que, dans cette région, la population est particulièrement laborieuse et le pays prospère.

L'arrivée à Bizerte a lieu par Ben-Négro d'où l'on domine le lac, le chenal creusé par les français, la rade et enfin la ville elle-même, entourée d'oliviers.

La traversée du chenal, par le bac à vapeur, provoque une dislocation de la caravane, car toutes les voitures ne peuvent passer à la fois. L'arrière-garde pousse ses moteurs et tous se retrouvent au fort du Kebir, sur le sommet de la plus haute montagne dominant Bizerte au Nord.

Malgré un vent extrêmement violent qui s'est levé, les congressistes peuvent admirer du haut du « Kébir » le superbe panorama : Bizerte, le chenal, et la rade sous un aspect nouveau et plus grand. Le lac est visible sur presque toute sa surface, laissant encore découvrir Ferryville et l'arsenal. Tout autour, la voie ferrée de Bizerte à Tunis, à l'ouest du lac, marque à peu près le rivage. A l'est, la mer s'étend à perte de vue.

Nous descendons de cet observatoire par la route de la Corniche, qui serpente au bord de la mer, pour arriver au vieux port de Bizerte, tout garni des barques multicolores des pêcheurs, coin pittoresque souvent retrouvé dans les expositions d'œuvres d'art de Tunisie. Une visite rapide est effectuée à la Pêcherie, siège de l'Amirauté, véritable tête du grand port de guerre. On entrevoit la flotille des torpilleurs à quai, puis la caravane se dirige vers le Contrôle civil, siège du représentant du Gouvernement français, non sans avoir jeté un coup d'œil rapide sur la belle avenue « Front de mer ».

Chacun se presse dans la salle des fêtes du Contrôle civil artistement décorée pour recevoir les excursionnistes.

M. le Contrôleur civil et les membres du Comité local du Congrès invitent très aimablement toutes les délégations à un champagne d'honneur. L'immense table en fer à cheval est complètement garnie et l'on déguste avec un vif plaisir (il y a eu tant de poussière) une coupe rafraîchissante.

Les conversations très animées s'engagent; M. Mottes les arrête quelques instants après et prononce les paroles suivantes :

MESDAMES,

MESSIEURS,

Au nom des groupements représentés ici ce soir, en particulier du Conseil municipal et de la Chambre de Commerce, au nom de la population tout entière du Contrôle civil de Bizerte, je suis heureux de souhaiter la bienvenue aux membres du IXe Congrès international d'Oléiculture et de leur adresser nos remerciements pour avoir bien voulu comprendre notre région dans leur itinéraire.

Le Comité régional remercie le Vice-Amiral, Préfet maritime, le Contre-Amiral commandant la Marine de Tunisie, les Consuls représentant ici les nations amies de la France, d'avoir bien voulu honorer la réunion de leur présence.

MESSIEURS,

Vous venez dans une trop rapide promenade des environs de Bizerte, d'admirer le panorama de la ville et du port. Vous avez vu ce que ce port doit à la nature et aussi doit aux hommes. C'est le plus beau sur notre Afrique du

BIZERTE. — Du fort du Kébir, les congressistes admirent le panorama du lac et des environs de Bizerte

Nord, et grâce à sa position incomparable à la jonction des deux bassins de la Méditerranée, il ne peut que devenir tôt ou tard un grand port de commerce, étant déjà un grand port de guerre. Ce port a permis aux populations paisibles de l'intérieur du pays de travailler dans la sécurité et la confiance et de donner, à la Tunisie, la prospérité dont vous serez témoins au cours de votre voyage.

Au retour, après avoir traversé les riches terres à céréales et les vignobles du Nord, puis les magnifiques forêts du Sahel, de Sfax, vous pourrez attester avoir vu, dans les campagnes fertiles, dans les villes prospères, les Français et les indigènes, ainsi que les étrangers, travailler ensemble unis, confiants sous la tutelle maternelle de la France.

Puisque le symbole de la paix est avec vous sous la forme de rameau d'olivier, nous souhaitons que votre voyage, vos travaux, votre collaboration féconde, aient pour résultat de resserrer davantage les liens d'amitié unissant tous les pays prenant part au Congrès.

Je lève mon verre en votre honneur, à la prospérité des pays que vous représentez et à la Tunisie

(Ce discours est vivement applaudi.)

M. Dop répond et remercie le Contrôleur civil pour ses éloquentes paroles. Il se fait l'interprète des sentiments des congressistes pour remercier de la réception faite à Bizerte, ainsi que de l'accueil chaleureux réservé à la caravane par la population indigène d'El-Alia. Il se déclare enchanté de la visite faite à Bizerte, dont il loue les possibilités futures, l'aspect grandiose de sa rade.

Le Président du Congrès termine en formulant des vœux pour le développement commercial que Bizerte est en droit d'espérer et notamment par la culture de l'olivier.

Successivement, M. Priego, président de la délégation espagnole, le prince Chigi, pour la délégation d'Italie, M. Isaakidès, délégué de la Grèce, prennent la parole, remercient le Comité de Bizerte et le Contrôleur civil et célèbrent le rapprochement des peuples dans la paix. Ils lèvent leur coupe en l'honneur des pays amis et de la Tunisie et se déclarent enchantés de la visite à Bizerte et de l'inoubliable souvenir remporté du grandiose aspect de son port.

La réception prend fin à 18 heures.

La nuit est venue; la longue file des autos tous phares allumés, se dirige vers la Medjerdah et Tunis la Blanche.

R. BIGOURDAN,

Conseiller agricole de la 1re Région.

(Bizerte).

Mercredi 31 octobre, matin

EXCURSION DANS LA 2ᵉ RÉGION (Zaghouan)

Le mardi 30 octobre, l'excursion, dont Bizerte était le but, avait permis de montrer la banlieue Ouest de Tunis, Saint-Henri, Le Bardo, La Manouba, ses beaux vignobles, ses oliviers millénaires, ses forêts plus récentes du Djebel-Ahmar et de la Cébala et, plus loin, vers Utique, la grande plaine à céréales de la basse vallée de la Medjerdah. Ce passage rapide fut suffisant cependant pour remarquer l'aspect caractéristique des olivettes. Longeant la route, ce sont d'abord des oliviers aux troncs énormes et creux, à frondaison assez réduite, qui, depuis des siècles, vivent sur un sol maigre et tuffeux. Plus loin, à droite, s'étend une grande forêt qui remonte les pentes du Djebel-Ahmar. d'origine crétacée. Sur des terres parfois peu fertiles, des arbres âgés, trop serrés (6 à 8 m.) et souvent mal soignés, donnent cependant des récoltes rémunératrices, si l'on en juge par la belle récolte pendante.

Plus loin, la petite forêt de la Cébala (54.000 arbres) est formée de plantations également trop denses (6 à 8 m.)., mais beaucoup plus récentes, reposant sur un sol plus riche et plus profond.

La culture de l'olivier y est mieux comprise et certaines parcelles sont même irriguées en été avec l'eau des puits creusés à cet effet. Les récoltes sont plus abondantes et plus régulières. Dans toutes ces plantations, la variété à huile *Chitoui du Nord*, domine dans la proportion de 75 à 90 %. Les variétés à gros fruits ou *octobri* ne sont représentées que par quelques arbres disséminés sans ordre.

Le lendemain, 31 octobre, commence le grand circuit dont Sousse et Sfax seront les deux étapes principales.

Dès sept heures, les autos se mettent en route, traversent la banlieue Est, laissant à droite les centres d'habitations à bon marché de Dubosville et Focheville, à gauche le récent lotissement de Mégrine, son beau vignoble et sa cave coopérative, plus loin Radès et sa petite forêt d'oliviers (54.000 arbres). Après avoir franchi l'oued Miliane, on aperçoit à droite l'intéressante forêt du Mornag (262.000 arbres) qui s'étend des pentes du Djebel-bou-Kornine à l'oued Miliane. Là aussi, et peut-être plus qu'ailleurs, la densité des plantations est plus grande, les distances de six mètres, et même moins, y sont fréquentes, mais le sol est fertile.

C'est ensuite le défilé d'Hammam-Lif, station thermale et coquette cité, que le Djebel-bou-Kornine enserre près de la mer.

Après avoir longé le grand vignoble de Potinville, la caravane s'engage dans la plaine de Soliman, laissant à droite la région viticole de Grombalia et du Khanguet que les excursionistes traverseront à leur retour de Sfax.

A l'entrée du village de Soliman, les congressistes sont reçus par M. Weyland, contrôleur civil de Grombalia, et Si Hamouda ben Amar, caïd de Soliman. Ils se dirigent ensuite vers l'huilerie de M. Boulakia, qui est la plus importante et la plus moderne de toutes les installations de ce centre oléicole. Les silos en maçonnerie et à ciel ouvert permettent d'emmagasiner, en les séparant, les différents lots d'olives à triturer. L'usine est équipée avec 2 broyeurs et 14 presses hydrauliques (matériel Coq). Le tout est actionné par un moteur à pétrole de 20 HP (Hornsby) qui fournit également le courant nécessaire à l'éclairage électrique. La séparation de l'huile et des margines se fait dans deux décanteurs continus (système Coq). Chaque décanteur est constitué par une série de quatre bacs en maçonnerie avec revêtement intérieur de carreaux en céramique et communiquant entre eux par un siphon. Le premier bassin a une contenance de 1.600 litres et les trois autres de 300 litres. Cette décantation continue est plus rapide et plus pratique que la séparation à la cuillère, couramment employée dans la région.

M. et Mme Boulakia offrent très aimablement aux congressistes un lunch, qui, malgré l'heure matinale, n'en obtient pas moins un vif succès.

Si Mohamed Kelfa nous fait visiter ensuite son huilerie du « type andalou ». Les olives déversées par la terrasse, tombent dans des cases couvertes où elles sont conservées en attendant le broyage qui se fait à l'aide de meules cylindriques en pierre, mues par traction animale. La pâte, placée ensuite dans des scourtins de grand diamètre, en alfa, est pressée selon la pratique ancienne, à l'aide d'une énorme poutre formant levier et actionnée à bras d'homme par l'intermédiaire d'une vis en bois.

La visite se termine à l'huilerie de Si Ali el Gharbi, à broyeurs discontinus et presses hydrauliques (marque Coq). A Soliman, comme dans tous les autres centres oléicoles de la 2e Région, les huileries anciennes, ou *maasras*, sont peu à peu abandonnées et remplacées par des installations plus modernes à broyeurs et à presses hydrauliques, actionnés par des moteurs. C'est ainsi que, dans le seul Contrôle civil de Grombalia, on compte plus de 35 installations à moteur actionnant 50 broyeurs et plus de 200 presses.

Les congressistes quittent Soliman, charmés par ce premier accueil enthousiaste de la population indigène, massée sur leur passage avec les bannières déployées de toutes les confréries.

De Soliman à Menzel-bou-Zelfa, autre centre oléicole important, la route traverse la plus grande forêt du Nord-Est de la Tunisie, qui comprend plus d'un million d'oliviers. Les plantations de Soliman (476.000 arbres) sont assez denses (140 à 200 arbres à l'hectare). La forêt s'étend en plaine d'origine quaternaire, formée d'alluvions de consistance moyenne ou légère, reposant sur un sous-sol tuffeux. L'eau est à faible profondeur et peu chargée en sels, ce qui permet d'irriguer à peu de frais, à l'aide de puits forés à même le tuf sans qu'il soit nécessaire de faire un revêtement en maçonnerie. Les cultures maraîchères intercalaires dans les oliviers sont très courantes aux environs de Soliman. La tomate de primeur est surtout cultivée sous les oliviers. Les semis de tomates, en poquets abrités par des feuilles de cactus, donnent aux olivettes dès l'automne un aspect très particulier.

Entre Soliman et Menzel-bou-Zelfa, un court arrêt à l'olivette du Collège Sadiki, exploitée par M. Boulakia, permet de montrer aux congressistes les principales variétés du Nord, ainsi que les merveilleux résultats du greffage par placage d'écorce pour la mise en valeur des oléastres.

Les fellahs de Menzel-bou-Zelfa s'adonnent, comme ceux de Soliman, à la culture maraîchère irriguée, mais ils possèdent, en outre, de magnifiques jardins d'orangers, de mandariniers et de grenadiers. La forêt d'oliviers de Menzel-bou-Zelfa (460.000 arbres) fait suite à celle de Soliman. Les plantations paraissent avoir le même âge et les mêmes caractéristiques. Le sol, d'origine quaternaire également, est plus léger, l'eau douce est plus abondante qu'à Soliman.

Les huileries sont équipées comme celles de Soliman et il existe, dans ce centre, une petite usine pour le traitement des grignons.

Beni-Khaleb, autre petit centre oléicole indigène, possède 142.000 oliviers, ainsi que de nombreux jardins d'orangers, mandariniers, grenadiers.

De Beni-Khaleb à Korba, le paysage change brusquement; il est vallonné ou accidenté; il n'y a plus de plantations d'oliviers et la culture des céréales domine. Quelques grandes fermes sont installées,

MENZEL-BOU-ZELFA. — Réception des congressistes par les autorités et la population

mais de grandes étendues de *terres habous* sont encore à mettre en valeur. Vers le Nord s'étend la fertile plaine de la Dakhla, qui contribue à la renommée de cette richesse proverbiale de la région du Cap Bon.

Korba, grand centre indigène, apparaît de loin comme un damier où la blancheur des terrasses peintes à la chaux contraste avec le rouge des longs cordons de piments. C'est là, en effet, que l'on cultive ce *felfel* (piment rouge) si apprécié pour la préparation des mets indigènes. L'oléiculture est ici peu développée, la forêt ne compte que 70.000 arbres en production. Le sol, léger et fertile, conviendrait cependant aux plantations. Les agriculteurs indigènes tirent leurs revenus des jardins maraîchers et fruitiers (grenadiers) et des cultures industrielles : piments, carvi, cumim, coriandre, nigelle et tabac.

Cette zone du littoral Est du Cap Bon, de Korba à Nabeul, se caractérise par le morcellement de la propriété. C'est d'ailleurs la région des petites cultures. A côté des céréales principales, blé et orge, les indigènes cultivent les céréales secondaires de printemps : maïs et sorgho, les plantes à racines alimentaires : navets, carottes fourragères, les légumineuses : fèves, pois et pois-chiches et les plantes industrielles déjà citées.

Les terres de culture sont d'origine quaternaire, elles sont légères et siliceuses et reposent sur un tuf plus ou moins tendre. L'eau est douce, abondante et à faible proondeur. Les puits, creusés facilement et sans grands frais dans ce tuf poreux, permettent de tirer un bon parti de terres plutôt médiocres. Sur ce littoral, les villages indigènes sont nombreux, la population est dense et laborieuse. La valeur vénale du sol y est particulièrement élevée; près des agglomérations, les bonnes terres avec puits d'eau douce atteignent couramment des prix variant entre 1.500 à 3.000 francs la *mardja* (mesure de surface égale à 10 ares). Chaque centre possède sa petite forêt d'oliviers. De Korba à Nabeul, on peut compter les quatre peuplements d'oliviers de Tazerka 9.000 arbres, Beni-Khiar, 40.000; El Mamoura, 16.000, et Somaâ, 16.000.

A Beni-Khiar, les oliviers reçoivent les eaux de ruissellement des côteaux avoisinants aménagés en impluvia (meska) comme dans le Sahel de Sousse. Ces eaux cheminent le long des pentes, dans des rigoles creusées à la charrue, et sont déversées et réparties dans les olivettes où elles sont retenues du côté aval par des bourrelets en terre battue. Cette excellente pratique est malheureusement limitée à ce seul centre du Cap Bon.

Nabeul apparaît au milieu de la verdure de ses vergers. Cette coquette cité compte 12.000 habitants et jouit d'un climat doux et tempéré qui en fait à la fois une station hivernale et estivale très fréquentée par les indigènes et les israélites. Le marché de Nabeul est le plus important de toute la région. De nombreux et importants jardins d'orangers et de mandariniers entourent la ville et fournissent des fruits appréciés qui approvisionnent les marchés de la Régence et sont même exportés sur la Métropole. La forêt d'oliviers comprend 92.000 arbres d'âges très différents. Ces arbres sont plantés à huit mètres environ, la taille et les pratiques culturales sont les mêmes qu'à Soliman. La variété dominante est la *Chaibi*, qui ne paraît être autre que la *Chitoui* du Nord. Les *Octobri* y sont peu répandues (3 à 5 %).La variété *Barouni* y est assez bien représentée et se caractérise par une belle vigueur et une bonne adaptation aux terrains tuffeux. Les oliviers de Nabeul et des autres forêts du littoral du Cap Bon sont attaqués par la cochenille noire et par la fumagine, qui causent chaque année des dégâts importants.

En outre de ses ressources agricoles, Nabeul est un centre d'industries indigènes prospères, qui fournissent des parfums, des nattes, des poteries ordinaires et des poteries artistiques très renommées.

M. Tissier, industriel, fait visiter aux congressistes sa poterie et son atelier de céramiques artistiques. Sous les doigts agiles des tourneurs, l'argile plastique se moule, prend forme et, selon la fantaisie de l'ouvrier, devient gargoulette, tasse à thé, amphore aux courbes élégantes, tandis que de jeunes indigènes, d'une main habile, dessinent des motifs variés à l'aide de vernis spéciaux qui prendront à la cuisson leur riche coloris. Dans cette petite industrie, l'oléiculture intervient également, car c'est l'olivier qui fournit le précieux combustible pour le chauffage des fours de potiers. Le bois de taille est transporté de la forêt vers la ville à dos de bourricot et se vend à raison de 5 francs la charge. Le tailleur d'oliviers a droit, suivant la coutume de Nabeul, à une charge de bourricot par journée de travail (20 francs). Il complète encore sa journée en louant ses deux ou trois bourricots pour le transport du bois à raison de 5 fr. par jour et par tête. Le bois, étant, de ce fait une source de petits revenus, il s'ensuit que la taille est par trop sévère dans les environs de Nabeul.

Quittant trop rapidement ce centre agricole et industriel, la caravane se dirige vers Hammamet, son golfe merveilleux et ses riches jardins. Hammamet est la station hivernale par excellence, son climat doux, ses belles villas et les jardins de citronniers et d'orangers, qui entourent le golfe en ont fait, à juste titre, un centre de villégiature très agréable. Hammamet produit des quantités importantes d'agrumes, citrons surtout, amandes, abricots expédiés sur les divers marchés de la Régence. Les pépinières d'Hammamet fournissent, chaque année, d'importantes quantités de plants d'arbres fruitiers : orangers, mandariniers, citronniers, cédratiers, abricotiers, amandiers, oliviers, expédiés dans tous les centres de culture fruitière.

La forêt d'oliviers d'Hammamet compte 66.000 arbres; elle s'étend en demi cercle autour du village et remonte vers les pentes du Djebel. On remarque de nombreux caroubiers dispersés dans les plantations. Quelques olivettes sont cultivées, comme à Beni-Khiar et dans le Sahel, et reçoivent les eaux de ruissellement des *meska*. Aux environs d'Hammamet commencent les nouvelles plantations qui s'étendent jusqu'à Bir-bou-Rekba, futur centre oléicole important. Le sol de cette région, léger et fertile, convient tout particulièrement à l'olivier. Les plantations de Bir-bou-Rekba, très jeunes encore, sont établies avec soin à un espacement plus convenable, dix mètres. Les oliviers y sont formés et taillés à la mode sfaxienne. On donne, d'ailleurs, la préférence à la variété du Sahel pour toutes les nouvelles olivettes. Les oliviers bien soignés produisent dès la cinquième ou la sixième année et, à dix ans, il n'est pas rare d'obtenir une récolte de 10 à 15 litres de fruits par arbre, tout en réduisant le prix de revient des plantations par des cultures intercalaires (vigne, amandiers, légumineuses, céréales).

A partir de Bir-bou-Rekba, l'olivier fait place à la céréale jusqu'à Bou-Ficha, centre de colonisation officielle de la 4ᵉ Région où l'on note, en passant, quelques jeunes olivettes bien cultivées, avec plantation intercalaire de vigne.

Le 6 novembre, au retour de la grande excursion dans le Sud, la première caravane regagnera Tunis en passant par les centres viticoles de Bou-Arkoub, Belli, Grombalia et Bordj-Cédria. Dans cette région, l'oléiculture fait cependant quelques progrès et son avenir est lié, en quelque sorte, à celui de la vigne. Les viticulteurs, par mesure de prudence, mettent en place, dans les vignes, des plants d'oliviers appelés à remplacer le vignoble, en cas de mévente ou d'invasion phylloxérique.

Le 8 novembre, la deuxième caravane rentrera à Tunis, en suivant un autre itinéraire. Elle sera reçue à Zaghouan par MM. Graignic, contrôleur civil, et Guédeney, président de l'Association des Colons. Zaghouan est une pittoresque cité accrochée aux pentes du djebel Zaghouan. La forêt, qui compte 90.000 arbres, s'étend en pente douce vers la plaine. Les visiteurs se dirigeront ensuite vers les ruines de Tuburbo-Majus. De Zaghouan à Tunis, les congressistes pourront constater les résultats remarquables de la colonisation française officielle et privée qui a mis en valeur par la culture des céréales des surfaces considérables qui n'étaient jadis que brousse et où sont érigés aujourd'hui les centres agricoles prospères de Depienne, Pont-du-Fahs, Aïn-el-Asker, et Bir M'Cherga.

L. CAMBLAT,

Conseiller agricole de la 2ᵉ Région.

Tunis.

Mercredi 31 octobre, après-midi

EXCURSIONS DANS LA 4ᵉ RÉGION (Enfidaville-Sousse)

Le 31 octobre, vers treize heures, les congressistes entrés sur le territoire de la 4ᵉ Région à Bou-Ficha, arrivent à Enfidaville où les attendent MM. Gros, administrateur-directeur général de la Société franco-africaine; Mathieu, directeur; Larue, sous-directeur, ainsi que le kahia d'Enfidaville. Après le déjeuner pris au Grand-Hôtel, ils jettent un coup d'œil sur les merveilles archéologiques renfermées dans l'église et le square qui l'entoure; puis M. Gros leur fait, dans une des salles de l'hôtel, un exposé de l'historique du domaine de l'Enfida, de son évolution et des directives qui régissent actuellement son exploitation.

Le domaine de l'Enfida, qui compte encore, aujourd'hui, 52.000 hectares, a été autrefois le plus vaste de Tunisie avec ses 120.000 hectares. La Société franco-africaine pratique beaucoup la location de ses sols aux indigènes, mais elle fait aussi en culture directe des céréales, de très intéressants élevages, un peu de vigne, mais *surtout de l'olivier*. Du reste, elle plante aussi des oliviers en association avec les indigènes par *m'ghrarça* (bail à complant) ou par *mouçakate* (dans ce dernier bail, on a autorisé des cultivateurs indigènes à planter sur le domaine de la Société et on leur consent une location, à des conditions spéciales fixées par le contrat).

Il y a, 31.000 oliviers au centre du domaine en culture directe, autour du village d'Enfidaville; 30.000 en *m'ghrarça*, plantés

ENFIDAVILLE. — Dans les oliveraies de la Société Franco-Africaine

de 1920 à 1926 occupant une superficie de 600 hectares environ, et en *mouçakate*, 11.000 arbres, presque tous adultes, occupant 200 hectares environ, disséminés dans les régions de Menzel et d'Aïn-Hallouf, notamment. Il faut enfin ajouter une plantation en culture directe, effectuée dans l'hiver 1927-28, à Kandhar, très à l'Ouest d'Enfidaville, vers Kairouan, qui comprend 460 hectares d'oliviers à $16^m \times 16^m$, c'est-à-dire près de 18.000 arbres, et 50 hectares d'amandiers à $12^m \times 12^m$.

Puis la visite commence, au cours de laquelle M. Fortier, contrôleur civil de Sousse, et président du Comité régional d'organisation, accompagné de MM. Diacono, président intérimaire de la Chambre Mixte d'Agriculture et de Commerce de Sousse, et Clabé, vice-président de la Municipalité de Sousse, rejoignent les congressistes et viennent leur souhaiter la bienvenue.

Pendant la promenade à travers les magnifiques oliviers de la Société franco-africaine, M. Mathieu, aidé de M. Larue, indiquent aux visiteurs les résultats acquis par la longue expérience que constitue la culture de l'olivier dans le domaine de la Société.

Les congressistes n'ont pu voir que le premier groupe de 31.000 oliviers en culture directe. Ces arbres, dont la plantation a été très soignée et dont les alignements sont impeccables, occupent 635 hectares. A côté d'eux, se trouvent quelques carrés d'amandiers et de caroubiers, dont la superficie totale est d'ailleurs loin d'être négligeable. Les intervalles adoptés pour ces oliviers sont variables et dépendent de l'époque où la plantation a été effectuée (on a d'abord expérimenté sur ce point, avant de prendre une décision ferme), et de la nature du sol complanté. Au début, on a planté à $16^m \times 16^m$; puis, on a planté 200 hectares à $10^m \times 14^m$; mais, depuis, toutes les nouvelles plantations dans cette zone, où la pluviométrie est meilleure qu'à Kandhar, sont faites à $14^m \times 14^m$, en carré, distances définitivement adoptées.

La plantation des premiers oliviers de ce groupe a été effectuée en 1897, en un sol trop argileux, aussi, leur développement s'en est beaucoup ressenti.

Sur deux parcelles contiguës, plantées en même temps, une de terre forte contenant 465 pour 1.000 d'argile et l'autre de terre légère, amenée par les dépôts d'un oued contenant moins de 135 pour 1.000 d'argile, on constate les résultats suivants pour des arbres du même âge :

1° Terre forte : hauteur moyenne des arbres, 3^m50; périmètre du tronc à 0^m50 du niveau du sol, 0^m60.

2° Terre légère : hauteur moyenne des arbres, 5^{m}50; périmètre du tronc à 0^{m}50 du sol, 1^{m}08.

Puis, progressivement, la plantation s'est continuée en gagnant surtout sur les terres légères, jusqu'en 1921, la plus grande partie ayant été plantée après 1900.

Les façons culturales sont les suivantes :

On donne trois labours par an et, autant qu'il est possible, au cours de l'été, de façons superficielles (binages d'entretien) à la *maâcha* sfaxienne, avec toujours un minimum de deux, s'il n'y a pas de chiendent et jusqu'à six et davantage s'il y a du chiendent, pour le faire périr ou, tout au moins, limiter son développement et son extension.

La *taille*, pratiquée par des ouvriers indigènes sfaxiens spécialistes, est *annuelle* et *très légère* (on évite les grosses blessures). Elle a permis de régulariser les rendements et d'obtenir des récoltes tous les ans.C'est des particularités essentielles et des plus intéressantes du domaine. Les arbres ont tous été plantés par souchets et la taille de formation a été si bien suivie que leur forme en gobelet est impeccable.

La récolte est faite à la main : les ouvriers se garnissent les doigts de cornes de béliers pour peigner les branches et montent sur des échelles pour ne pas employer la gaule. Les olives recueillies sur les bâches sont débarrassées des feuilles et impuretés par un passage au tarare.

La visite se continue par celle de l'huilerie et de l'usine d'épuisement des grignons.

L'*huilerie* ne travaille en principe que les olives du Domaine. Son installation est toute moderne. La force motrice est produite par un moteur à vapeur de 25 CV., qui travaille avec une consommation de puissance de 22 à 24 CV.La chaudière est chauffée avec les grignons épuisés. Il y a également un moteur de secours électrique. Le broyage est effectué par trois broyeurs : deux triplex et un à deux meules. Ces deux modèles différents sont employés à titre d'expérimentation et pour leur comparaison.

Comme presses hydrauliques, il y a pour la première pression, trois doubles-presses en fonctionnement et a une de secours, pour la deuxième pression, 9 presses.

Elles sont alimentées par deux pompes : une pour le groupe des presses de première pression, et une autre pour celui des presses de deuxième pression; ce dispositif est une amélioration, car, primitive-

ENFIDAVILLE. — Dans l'huilerie de la Société Franco-Africaine

ment, il n'y avait qu'une seule pompe. L'accumulateur de pression est pourvu d'un dispositif de signalisation optique électrique, afin de maintenir la pression et l'utiliser au maximum, ce qui a amélioré le rendement.

Les presses sont pourvues, pour recueillir le jus, de gouttières suspendues afin de faciliter le nettoyage. Du reste, dans l'usine, on a évité au maximum les canalisations fermées et les seules qui subsistent, réduites au minimum, ne peuvent pas être supprimées.

L'alimentation des broyeurs se fait par le premier étage : les chariots montent une rampe de manière à apporter jusqu'à lui les olives, que des wagonnets transportent aux trémies d'approvisionnement des broyeurs. Cet approvisionnement est commandé par des sonnettes. On a visé à réduire le plus possible la main-d'œuvre.

Pour éviter d'obtenir des huiles acides, l'approvisionnement en olives est faible. On conserve celles-ci au maximum trois jours, si le temps est froid, et au maximum un jour et demi à deux jours si la température est plus élevée. On fait, du reste, des couches d'olives extrêmement minces.

Actuellement, comme l'usine d'épuisement permet de débarrasser les scourtins de l'huile dont ils sont imprégnés, on a intérêt à les faire servir plus longtemps, sans crainte que l'huile qu'ils contiennent ne s'acidifie et ne donne mauvais goût. Aussi, emploie-t-on des scourtins fabriqués en France, en cordelette d'alfa avec cordelettes radiales en coco. On avait dû, au début, alors que l'usine d'épuisement n'existait pas, abandonner ces scourtins parce qu'ils donnaient mauvais goût à l'huile, et faire usage des scourtins communs d'Hergla, en alfa. Actuellement, tous les 8 jours, les scourtins sont passés à l'extracteur, puis lessivés à la lessive de soude bouillante; une installation spéciale ayant été faite à cet effet. Cela nécessite deux jeux de scourtins, un en fonctionnement et un en nettoyage.

Des essais effectués autrefois avaient permis de constater que les scourtins pouvaient influencer, dans les proportions suivantes, l'acidité des huiles : de l'huile sortait à 0,32 d'acidité, lorsque les scourtins étaient neufs, après fonctionnement et arrêt de deux jours, lorsqu'on reprenait le travail, l'huile sortait à 1,7 d'acidité, et il fallait attendre la fin de la journée et le lessivage des scourtins par l'huile pour retrouver une acidité de 0,6. C'est ce qui a déterminé à agir comme il vient d'être dit.

Actuellement, l'acidité moyenne des 9/10es de l'huile produite est inférieure à 0,4. La forme des scourtins actuellement employés, donnant une meilleure pression, a permis d'obtenir 1 kilogr. 100 d'huile de plus par kaffis, qu'avec les scourtins d'Hergla.

L'huile est séparée des margines par passage au centrifugeur Hignette, réglé pour passer 1.500 litres de jus à l'heure; il est réglé une fois pour toute; on n'y touche jamais en cours de fabrication, et il marche toute la journée; des petits bassins servent de volants pour régulariser l'alimentation. Les résultats sont très bons.

Les piles sont aériennes en ciment verré. L'huile se rend dans un bassin jaugé, d'où une pompe la remonte par un tuyau en fer étamé intérieurement et un tuyau en cuir spécial l'amène à la pile choisie. Chaque pile a deux robinets. Le soutirage se fait à la pompe électrique par un tuyau de cuir et avec robinet nickelé.

Enfin, un petit laboratoire contrôle la fabrication et permet l'analyse de l'huile, des olives et des grignons.

L'usine d'épuisement des grignons utilise le trichlorure d'éthylène. C'est la première construite en Tunisie. Elle l'a été par Chevallier, suivant les procédés du professeur Bonnet de Marseille.

L'avantage de cette usine, c'est que les grignons sont traités immédiatement, ne prennent pas de mauvais goût et que l'huile de grignon obtenue, peu acide, peut être rectifiée facilement pour être rendue bouchable, d'où une importante plus-value.

Les grignons sont passés, dès la sortie des presses, dans le broyeur servant à l'émiettage, puis au séchoir, alimenté par l'échappement de la machine à vapeur. Ensuite, ils passent dans l'appareil d'épuisement et, lorsqu'ils en sortent, ils sont utilisés comme combustible pour le chauffage de la chaudière à vapeur actionnant les deux huileries, pour actionner la centrale électrique fournissant l'éclairage, etc., et pour le chauffage de l'huilerie.

Le trichlorure contenant l'huile de grignon en solution est passé au distillateur qui permet de récupérer séparément les deux liquides.

On peut ainsi traiter, par douze heures, 5.700 kilogr. de grignons frais (à 20 % d'humidité environ que le séchage ramène à 7 %). La consommation de dissolvant est de 6 kilogr. 500 par 100 kilogr. d'huile obtenue.

La production d'huile de grignon de cette usine a été, cette année, de 39.000 kilogs. d'une huile titrant de 5 à 10 % d'acidité.

La production totale en huile d'olive et huile de grignon a été de 200.000 kilogr.

Avant le départ pour Sousse, les aimables hôtes de l'Enfida tiennent à offrir aux congressistes un excellent goûter arrosé de vins du crû et de champagne, auquel il est fait un honneur mérité.

La soirée s'achève à Sousse, où l'on arrive à 18 h. 30.

Journée du 1ᵉʳ novembre, matin. — SOUSSE

Le temps limité dont disposait le Comité d'organisation ne **permet**tait pas de suspendre les travaux du Congrès pendant toute la journée. Néanmoins, en raison de l'importance de la fête de la Toussaint, la séance plénière est reportée à onze heures et les congressistes disposent de la matinée.

Après la séance et le déjeuner, rendez-vous est pris à quinze heures pour la visite d'usines.

Les congressistes se rendent d'abord à l'*Usine de la Société des Huileries du Sahel tunisien.* M. Gouttenoire, directeur général, reçoit les visiteurs et les conduit dans les différentes parties de ce vaste établissement.

L'usine fabrique non seulement de l'huile de grignon, mais encore on transforme une partie de cette huile en huile bouchable par le raffinage (huile désodorisée), et une partie beaucoup plus importante en savon. Les congressistes sont conduits d'abord dans les locaux où se font l'émiettage et le séchage des grignons (séchoirs à vis d'Archimède), leur épuisement dans d'énormes batteries d'extracteurs et la séparation de l'huile et du sulfure dans les distillateurs ; on leur montre ensuite l'installation de raffinage des huiles (basé sur le lessivage des huiles par la vapeur d'eau sous pression) et qui est un peu le secret spécial du fabricant.

Ils parcourent ensuite les vastes hangars où s'effectue la fabrication et le stokage du savon en cours de séchage.

Enfin, M. Gouttenoire montre la fabrication du sulfure de carbone (sur laquelle il donne des explications très complètes et très accessibles pour tous), et les immenses bassins dans lesquels le sulfure de carbone est conservé sous l'eau. Du reste, toutes les canalisations dans lesquelles circule ce liquide inflammable sont doubles et, entre les deux parois, circule un courant d'eau.

Les usines du Sahel produisent un savon vert très estimé et recherché par l'exportation (Malte, Egypte, etc.). La marque étant connue, la Société n'éprouve pas le besoin de décolorer le savon ou de le mouler

sous une forme élégante, car il serait alors moins apprécié de sa clientèle habituelle, dont les habitudes seraient changées.

La production est considérable et le prix de revient très bas, car
l'usine est complètement amortie et la Société possède d'importants
dépôts en Banque qui la rendent maîtresse de l'heure pour ses opérations commerciales.

Cette usine peut traiter 100.000 kilogr. de grignons par jour. Elle
épuise certaines années la moitié de la totalité des grignons produits en
Tunisie.

Au cours de cette intéressante visite, les congressistes peuvent apprécier l'amabilité de M. Gouttenoire, qui se fait un véritable plaisir
de les documenter et de répondre à toutes leurs questions.

Huilerie Lanata. — En sortant de l'usine à sulfure du Sahel, les
congressistes se rendent à l'huilerie Lanata.

Cette fabrique d'huile d'olive est une des importantes et bien outillées de Sousse. Elle est complètement équipée en matériel Coq d'Aix-
en-Provence) et possède à la fois, l'installation à traction animale et
celle à traction électro-mécanique.

Elle travaille généralement deux mois et demi par an et peut produire 5.000 kilogr. d'huile par jour.

Cette huilerie est installée dans des locaux très anciens (depuis
1871) et qui n'ont pu être prévus pour son importance actuelle; aussi,
les propriétaires ont réalisé un tour de force dans l'agencement intérieur
et dans l'utilisation la plus complète de la place disponible. Par ailleurs, cette usine se distingue par son exceptionnelle propreté.

Il y a deux broyeurs à traction animale et deux autres sont actionnés
par la force motrice (électricité du courant de la ville de Sousse).

Toutes les presses hydrauliques sont agencées pour être comman-
dées, à volonté, par la pompe à main, lorsqu'on marche à la traction
animale, et par la pompe à quatre corps, actionnée par le moteur électrique, lorsqu'on fait usage du courant électrique. On peut d'ailleurs
marcher indifféremment, à volonté, soit à l'une ou à l'autre traction ou
aux deux, concurremment et avec un, deux, trois ou quatre broyeurs;
il y a de la sorte une souplesse extrême dans la fabrication, suivant les
quantités d'olives à travailler.

Les olives apportées sont étendues en couches minces sur la terrasse
de l'usine et l'alimentation des broyeurs se fait, aussi, d'en haut par
des trémies; comme à l'Enfida, on s'arrange pour n'avoir des olives
que pour très peu de journées de travail d'avance.

Soussᴇ. — Groupe de congressistes à la sortie de la séance plénière tenue à la Municipalité

Les presses de première pression à deux plateaux sont au nombre de trois et les presses finisseuses de deuxième pression au nombre de huit.

Il y a deux pompes à main, une pour les presses de première et une pour celles de deuxième pression.

La pompe à moteur est à quatre corps. Elle actionne un accumulateur de pression qui est pourvu d'une signalisation par sonnette électrique pour régulariser la pression et améliorer le rendement des presses.

Le moteur électrique employé normalement est de 15 CV. et il en existe un de secours de 10,5 CV.

Les scourtins employés viennent d'Algérie; ils tiennent le milieu entre le scourtin commun, d'Hergla, et le scourtin en cordelettes, de France.

La séparation de l'huile des margines a lieu par l'ancien procédé par décantation à la cuillère. Les propriétaires sont persuadés que l'émulsion de l'air et de l'huile causée par le séparateur centrifuge diminuerait le fruité des huiles, car leurs huiles sont exportées comme huile de coupage et l'on tient particulièrement à leur bouquet.

Un essai de récupération de l'huile des enfers par passage à l'hypercentrifuge Scharples a été tenté, mais n'a pas donné les résultats qu'on en attendait.

Les piles souterraines, en ciment verré, ne peuvent loger que 30.000 kilogr. d'huile. Certaines contiennent 3.000 à 3.500 kilogr. d'huile et sont remplies en un jour par l'huile de première pression produite. Aussi, les fabricants sont-ils obligés de louer un dépôt pour entreposer leurs huiles.

Mais l'heure s'avance, les cars ramènent rapidement les congressistes à l'hôtel pour leur permettre de se rendre à dix-huit heures au champagne d'honneur qui leur est offert par le Comité régional d'organisation à l'Hôtel de la Municipalité.

Jeudi 1ᵉʳ novembre, soir

RÉCEPTION A L'HOTEL DE VILLE DE SOUSSE

Le Comité régional d'organisation de Sousse a tenu à offrir un grand lunch aux congressistes et à donner un certain éclat à cette réunion afin de marquer la joie ressentie par la capitale du Sahel d'avoir été choisie comme l'une des villes où siège le IXᵉ Congrès international d'Oléiculture.

Les invités sont reçus, dans les salons de l'Hôtel de Ville, magnifiquement pavoisés et éclairés, par la Municipalité, le Comité régional d'organisation et le Conseil de la 4ᵉ Région.

A la table d'honneur se tiennent MM. Fortier, contrôleur civil ; Louis Dop, président du Congrès ; Clabé, vice-président de la Municipalité ; Mohamed Dinguizli, kahia, représentant le Caïd-Gouverneur de Sousse, absent ; Diacono, vice-président de la Chambre mixte d'Agriculture et de Commerce du Centre ; les membres des délégations des pays représentés au Congrès ; les membres du Conseil municipal de Sousse et du Conseil de la 4ᵉ Région.

Au moment où le champagne pétille dans les verres, M. Fortier prend le premier la parole :

Discours de M. Fortier

Contrôleur civil de Sousse

MESDAMES,

MESSIEURS,

En ma qualité de Contrôleur civil, chef de la 4ᵉ Région, j'ai le grand plaisir d'offrir à toutes les personnes éminentes et distinguées des pays amis et de France, qui font partie du IXᵉ Congrès international d'Oléiculture, mes souhaits de cordiale bienvenue et mes vœux d'utile et d'agréable séjour dans notre Région.

Je remercie la Commission du Congrès, de l'honneur qu'elle m'a fait, en m'appelant à la présidence du Comité régional, auprès duquel, Mesdames et Messieurs, vous trouverez une aide empressée et un accueil sympathique.

MESDAMES,

MESSIEURS,

La 4ᵉ Région, comme vous avez pu déjà vous en rendre compte, en traversant sa partie Nord, depuis Bou-Ficha, jusqu'à Sousse, notamment le domaine de la Compagnie Franco-Africaine, à l'Enfida, et comme vous vous en rendrez encore mieux compte, en la parcourant ces jours-ci, est essentiellement une contrée oléicole.

Je dirais même qu'elle est la plus importante région oléicole de la Tunisie.

Elle compte, en effet, d'après la dernière statistique (celle de 1926) 6.912.867 oliviers qui, avec la cadence annuelle des nouvelles plantations, doivent dépasser, de beaucoup 7 millions, sur un total général de 16.181.744 oliviers pour toute la Tunisie et dont 4.162.861 sont en plein rapport c'est-à-dire âgés de plus de vingt ans), pour 10.592.012 de cette catégorie, dans toute la Tunisie. Ce qui signifie donc que notre Région possède les deux-cinquièmes des oliviers. Or, dans le Nord, les oliviers très serrés, produisent moins par pied, que dans le Centre et dans le Sud, où ils sont plus espacés et, d'autre part, dans le Sud, les rendements sont plus aléatoires que dans notre Région, par suite d'une pluviométrie trop parcimonieuse. On arrive alors, à la constatation suivante, c'est que la 4° Région produit *beaucoup plus de la moitié de l'huile d'olive vierge* fabriquée en Tunisie.

En effet, la moyenne de la production annuelle d'huile de la Tunisie, a été évaluée, durant la période 1917-1926, à 28 millions et demi de kilogrammes d'huile ; or — bien que je ne possède pas le chiffre exact, en ce qui concerne la moyenne de cette période pour la 4e Région — on peut l'évaluer à près de 15 millions de kilogrammes, et la production, qui s'est élevée à près de 25 millions de kilogrammes, pour l'année 1926 — *année productive* — dépassera pour la récolte pendante de 1928 — évidemment exceptionnellement bonne — 30 millions de kilogrammes d'huile, sur une production totale évaluée, pour toute la Tunisie à 50 *millions de kilogrammes.*

A cette quantité d'huile d'olive vierge, il faut ajouter la production des huiles de grignons, considérable dans la 4e Région.

Cela vous donne une idée de l'importance de la production de l'huile d'olive et de l'oléiculture, dans cette région que vous allez parcourir.

La vie économique du pays, est, en quelque sorte, suspendue aux branches des oliviers.

S'il pleut suffisamment et si la récolte est bonne, alors, c'est l'aisance dans nos campagnes, c'est l'activité dans les villes et les villages, où les moulins à huile débitent, à force, le précieux liquide et où les usines d'épuisement des grignons par le sulfure de carbone, les plus importantes de la Tunisie, produisent une huile industrielle dont l'importance, non seulement pour l'exportation, mais aussi pour l'industrie locale de la savonnerie, est considérable.

Dans ces heureuses années, le port de Sousse est trop petit pour contenir les nombreux navires qui viennent charger des huiles et nos voies ferrées suffisent, à peine, à apporter les grignons aux usines d'extraction. Par contre, en années de sécheresse, années de misère, — et hélas ! notre pluviométrie est capricieuse et souvent insuffisante — l'olivier *donnant* peu, les campagnes semblent engourdies et l'habitant se restreint sévèrement dans ses dépenses, les villes, les villages perdent leur activité et paraissent frappés d'un malaise général ; notre port, nos voies ferrées voient leur trafic diminué, dans une proportion très sensible.

Je ne prétends pas qu'il n'y ait, dans la 4e Région, que des oliviers et que l'on n'y vive que de l'oléiculture et que de l'industrie des huiles, mais je tiens à souligner que l'oléiculture et l'industrie des huiles d'olives et de grignons y tiennent la première place — encore que la culture des céréales, l'élevage (principalement celui des ovins) et la récolte de l'alfa, y trouvent, aussi, une place très honorable, de même que l'industrie extractive des minerais.

Si vous avez pu admirer les magnifiques olivettes, relativement récentes, de la Société Franco-Africaine, à l'Enfida, et l'organisation remarquable de ses huileries, il vous reste encore bien des choses à voir dans la 4e Région et qui ne manqueront certainement pas de vous intéresser.

Vous visiterez quelques-unes de ces 711 huileries, dont 191 sont à traction mécanique. Vous avez vu la *plus importante usine* de Tunisie d'épuisement des grignons par le sulfure de carbone. Cette industrie est plus spécialement concentrée dans notre Région. En effet, sur 19 usines que compte la Régence, la 4e Région en possède à elle seule 9, dont celle des huileries du Sahel (que vous avez visitée, qui épuise 100.000 kilogrammes de grignons par jour.

L'huile de grignons produite par ces usines est, en partie exportée, en partie transformée en savon.

Vous verrez le mode spécial de culture des oliviers du Sahel, « dans des cuvettes constituées dans les bas-fonds et jusqu'à mi-pente, et irriguées par l'eau de ruissellement provenant des hauteurs, qui sont aménagées en impluvia. »

Ces cultures s'adressent à des arbres multicentenaires pour la plupart, et ce procédé s'est peut-être conservé depuis les temps antérieurs à l'occupation du pays par les Romains.

Vous visiterez quelques belles propriétés et vous parcourerez la plus importante, la plus intéressante partie de la 4e Région, au point de vue oléicole, de Sousse à Mahdia, de Mahdia à El-Djem, par Ksour-Essaf.

Certes, vous ne trouverez pas tout parfait et nous attendons, Messieurs, de vos travaux, une amélioration des procédés de culture de l'olivier. Cette culture n'a cessé de se perfectionner depuis les débuts de l'occupation française et surtout depuis la guerre, maintenant que les olives se vendent à un prix très élevé. N'a-t-on pas vu, il y a deux ans, le kaffis de 640 litres d'olives atteindre le cours *record* de 1.200 fr. Mais cette culture, dis-je, a encore de sérieux progrès à faire.

Ces progrès devront, à mon avis, porter notamment sur la taille, souvent faite par des tailleurs peu expérimentés et souvent trop sévère pour des arbres âgés et irrigués par le ruissellement, sur la destruction du chiendent, sur la lutte contre les maladies et parasites et aussi, peut-être, sur la fumure.

Nous espérons qu'une nouvelle impulsion dans la voie du progrès naîtra de vos délibérations et que notre industrie oléicole qui, elle, dans cette région, a progressé plus vite que la culture de l'arbre de Minerve, en tirera, encore, de grands profits et de grandes améliorations.

Notre commerce des huiles est sain. Nos huiles ne sont pas fraudées, et c'est ce qui les fait rechercher pour l'exportation. Mais votre Section du commerce des huiles donnera, nous n'en doutons pas, des indications dont résulteront de nouveaux procédés de défense du commerce honnête, contre les entreprises que des fraudeurs pourraient se risquer à vouloir commettre, et de cela, aussi, nous vous serons reconnaissants.

Notre regret est que vous ne puissiez pas tout voir... l'admirable effort, par exemple, des planteurs indigènes dans le Contrôle civil de Kairouan, surtout à Drâa-Tammar et Ghrasézia ; ou la renaissance, à Sbeïtla, sur les hauts plateaux secs et ventés, de la forêt d'oliviers romano-byzantine, renaissance due à l'énergie et à l'intelligente tenacité de français ; ou bien encore, les forêts d'oléastres greffés d'El-Ala et de Pichon, la pittoresque oasis de montagne de Fériana — dans le contrôle civil de Thala —, oasis dans laquelle l'olivier tient la place que le palmier occupe dans les belles oasis du Djerid.

Mais votre temps est limité par d'impérieuses nécessités ; il faudra donc, comme je vous le disais ce matin, nous contenter de suivre l'itinéraire qui vous a été judicieusement tracé, afin de vous permettre de voir le plus possible, dans cet espace de temps si restreint.

En terminant, laissez-moi vous dire, Mesdames et Messieurs, combien nous sommes heureux de votre visite et quel prix nous y attachons. Laissez-moi vous remercier, une fois encore, au nom des membres du Comité régional, au nom de tous les oléiculteurs, producteurs, industriels et commerçants, d'avoir bien voulu comprendre le Sahel dans votre itinéraire, et choisir notre charmante ville de Sousse, pour y tenir une de vos séances plénières.

C'est que, tous ici, dans cette 4e Région, et non seulement ceux d'entre nous qui assistent à vos travaux, non seulement ceux qui cultivent l'olivier ou se consacrent à l'industrie ou au commerce des huiles, mais encore ceux pour qui, professionnellement, l'oléiculture et l'oléifacture ne sont rien, tous nous aimons l'olivier, parure de nos campagnes, arbre courageux, dont la vitalité défie les siècles, qui fait reculer la steppe et le désert, sédentarise les nomades et nous comprenons que toute l'économie de la Région en dépend (peut-être même pour beaucoup, celle de la Régence tout entière) et qu'il est la plus grande source de sa prospérité actuelle, de son développement toujours plus grand dans l'avenir.

Mesdames, Messieurs, nous serions heureux que vous emportiez une bonne impression de votre passage dans notre belle Région.

Puisse la documentation que vous y aurez puisée rendre vos travaux féconds en résultats pratiques.

Discours de M. Diacono

Vice-Président de la Chambre mixte d'Agriculture et de Commerce de Sousse

Mesdames,

Messieurs,

C'est au nom de la Chambre mixte de Commerce et d'Agriculture du Centre, que j'ai l'heureux devoir de vous saluer.

Hommes éminents, venus des quatre coins des terres que baigne la Méditerranée, vous apportez aujourd'hui au Sahel, comme vous l'avez apporté hier à la région de Tunis et l'apporterez demain à celle de Sfax, le très précieux concours de votre expérience.

Et nous n'estimons pas seulement, dans cette assemblée, le grand honneur que nous procure votre visite, mais, persuadés de nous instruire à votre contact, nous vous avons, pour cela, une particulière reconnaissance.

Vous aussi, cependant, Messieurs, vous accroîtrez votre expérience dans la visite de notre belle et hospitalière région.

Vous avez pu remarquer, déjà, le long de la route d'Enfidaville, à Sousse, ces bandes de terre où l'olivier dresse à perte de vue son tronc noueux. Ce même spectacle vous accompagnera au cours de vos visites dans les différents caïdats de ce contrôle.

Il y a, comme cela, quelque 7.000.000 d'arbres parsemés dans le Sahel, tous vigoureux et d'excellent rapport, particulièrement favorisés cette année de pluies abondantes, et qui portent l'une des plus belles récoltes dont nous puissions nous enorgueillir.

Dans quelques semaines, la campagne d'huile va battre son plein; nos 700 et quelques usines ouvriront leurs portes et les scourtins s'amoncelleront par grandes piles pour recevoir la pulpe généreuse et rendre cette délicieuse huile, à si juste titre appréciée.

Et, devant l'extension prise par cette industrie, qui se développe chaque jour et fait vivre la plus grande partie de la population de nos pays, et même des contrées tièdes d'Europe, combien l'on comprend mieux votre rôle. Combien mieux, après la lecture d'une statistique qui dévoile l'importance de nos marchés, apparaît l'utilité de ces manifestations où des travailleurs infatigables et probes se communiquent le résultat de leurs recherches.

Rien de ce qui touche à l'oléiculture ne vous est étranger.

L'arbre et sa greffe, ses maladies, une extraction plus rapide et moins coûteuse de l'huile, son raffinage et sa conservation, tout cela a fait l'objet de vos nombreux et si intéressants rapports.

Vous aurez sans doute rapproché, pour des acclimatations heureuses, génératrices d'espèces nouvelles, les plants si variés qui poussent dans nos différents pays.

Vous aurez aussi, et c'est sur ce point que je voudrais insister d'une façon toute particulière, Messieurs, laissant à des techniciens compétents le soin de préciser les autres, vous aurez, dis-je, à vous prononcer sur le problème que pose le mélange des huiles.

Vous savez combien il est difficile de pourchasser cette fraude, qui risquerait de jeter le discrédit sur le commerce oléicole de la Tunisie entière.

Le péril est des plus évidents et les bonnes mœurs commerciales souffrent de cet état de choses.

Une législation nouvelle s'impose, qui viendra, à brève échéance, nous l'espérons, modifier le trop débonnaire décret du 11 mars 1908 et que je vous prie, Messieurs, d'appuyer de toute votre autorité : nous voulons, à l'appel pressant de toutes les régions oléicoles, joindre modestement le nôtre.

Il appartient, en effet, à la Chambre de Commerce, qui, si elle a le devoir de défendre les intérêts des commerçants, a également celui de veiller à la loyauté constante de leur profession, de vous soumettre, la première, cette requête.

Ainsi, Messieurs, vous allez, de tâche en tâche, sans jamais vous laisser rebuter par les obstacles de la longue route.

La solution d'un lourd problème est à peine apportée, qu'une autre difficulté se présente à vous et qu'il vous faut vaincre.

Au neuvième de vos Congrès, le Comité permanent de l'Institut international d'Agriculture a bien voulu se souvenir de cette terre d'Afrique, dont l'Agriculture est la meilleure ressource, et qui vit d'une vie presque identique à celle de vos contrées.

Aussi, puissiez-vous, Messieurs, emporter et garder surtout de cette manifestation, non pas seulement l'impression, mais la ferme conviction de l'effort réalisé en ce pays, où français, indigènes et étrangers fraternisent, travaillent et réalisent, pour lui conserver et lui accroître cette richesse dont il fait son apanage : l'olivier, symbole de paix et de concorde entre les peuples.

Discours de M. M'Hamed Dinguizli, kahia

Représentant le Caïd de Sousse

MESSIEURS,

Au nom de M. le Caïd de la ville de Sousse et en mon nom personnel, je suis très heureux de pouvoir vous souhaiter la bienvenue dans la capitale du Sahel.

C'est un honneur que vous rendez à notre pays que d'avoir choisi, pour vos travaux si fructueux de cette année, la Tunisie, et cela constituera, pour son histoire économique, une des plus belles pages que le temps ne saura et ne pourra effacer.

La principale ressource du Sahel est, comme vous le savez, l'industrie de l'huile et la culture de l'olivier, c'est vous dire combien notre ville s'intéresse à tous vos travaux et combien votre œuvre lui est utile, je dirai même nécessaire. En développant la culture des oliviers, en modernisant les méthodes de travail, on développe, par là-même, la richesse du pays ; on développe aussi son niveau social, car vous savez plus que moi le rôle prépondérant de l'économique sur le social.

Ce n'est certes pas sans joie que je constate cette union des pays méditerranéens pour le développement de l'industrie commune. Votre Congrès symbolise l'union dans la paix, cette union nécessaire au développement de la société et de l'humanité même. Que la branche de palmier s'associe au rameau de l'olivier et que vos travaux se continuent dans le calme et la patience, c'est ce que je vous souhaite sincèrement en vous disant encore : « Soyez les bienvenus ».

Discours de M. Clabé

Vice-Président de la Municipalité

MESDAMES,

MESSIEURS,

Aux discours que nous avons entendus de M. le Contrôleur civil, délégué du Gouvernement, de M. le Président de la Chambre mixte du Commerce et de l'Agriculture, de M. le Kahia, représent M. le Caïd empêché, je n'ai pas beaucoup de choses à ajouter.

Mais je m'en voudrais si, au nom du Conseil municipal de la ville de Sousse, je ne vous souhaitais pas une cordiale bienvenue et ne vous adressais pas mes remerciements pour avoir bien voulu comprendre Sousse dans votre parcours.

On vient de vous parler des oliviers, de l'oléiculture et des efforts constants qui ont été faits dans cette région. Je tiens, pour ma part, à ajouter que cet effort est dû à la collaboration franco-tunisienne depuis cinquante ans et c'est jour par jour, et pas à pas, que cette œuvre a été accomplie.

Evidemment, comparée aux pays d'Europe, la Tunisie n'est pas encore grand chose. Mais, considérez qu'il y a cinquante ans, elle était sans aucune organisation. Vous devez donc, pour juger l'œuvre accomplie, considérer qu'elle est le résultat d'un demi-siècle, puisque ce n'est qu'en 1931 qu'aura lieu le cinquantenaire de l'occupation française de la Tunisie.

Dans ces conditions, je pense que nous méritons amplement votre indulgence, et je souhaite que lorsqu'un nouveau Congrès international d'Oléiculture viendra en Tunisie, s'il passe à Sousse, il trouve notre pays encore plus développé.

En tout cas, vous pourrez constater la parfaite harmonie qui existe entre nous tous et, en ce qui concerne, en particulier, la ville de Sousse, nous espérons continuer à collaborer de la manière la plus cordiale avec nos collègues indigènes.

Je tiens d'ailleurs à vous faire remarquer qu'au Conseil municipal de Sousse, nous siégeons tous, français, tunisiens, étrangers, dans une même communauté d'esprit, pour le bien-être de la ville. Il serait souhaitable que la formule en honneur ici soit appliquée partout. Et, puisque je suis en présence d'un Congrès international, permettez-moi, moi qui ne suis pas spécialiste de l'oléiculture, de souhaiter la paix internationale et l'entente entre tous les peuples.

Vous me permettrez, en vous remerciant à nouveau, de former les vœux les plus ardents pour tous les congressistes, sans distinction de nationalité, présents ici. Et c'est également en adressant mes vœux les plus ardents pour la paix que nous souhaitons tous, que je vous dis encore une fois « Merci ! »

Discours de M. le Président Louis Dop

Monsieur le Controleur,

Monsieur le Président de la Chambre mixte,

Monsieur le Kahia,

Monsieur le Président de la Municipalité,

Messieurs,

Vous devez comprendre certainement mon embarras d'avoir à répondre dans une improvisation toujours faible par la forme et également déficitaire par le fonds, à des discours si éloquents, si pleins de substance et d'enseignements. Je crains réellement d'être au-dessous de la tâche qui m'est imposée par mes fonctions de Président de ce Congrès. Mais je compte sur la bienveillance et l'indulgence de cette assemblée, qui sait tout au moins que je parle avec une conviction profonde et que j'exprime mes sentiments de la façon la plus cordiale, en votre nom à tous.

J'exprime tout d'abord nos vifs remerciements à M. le Contrôleur civil, aux représentants de la ville de Sousse, à tous ceux enfin dont nous recevons une hospitalité aussi cordiale que généreuse, et je leur dis combien notre passage à Sousse restera profondément gravé en notre mémoire, parce que son souvenir vient s'ajouter à celui de toutes les réceptions que nous avons déjà reçues.

Mais, plus nous avançons vers le Sud, plus on dirait que la chaleur du soleil, la beauté du ciel, le bleu de la Méditerranée imposent à nos cœurs une impression de plus en plus profonde et que nos sentiments vont à l'unisson de la nature.

(Applaudissements).

Je vous remercie de vos applaudissements, qui m'encouragent, Messieurs, et je dois maintenant arriver à la partie substantielle de mon allocution qui me sera facilitée par les renseignements si précis qui m'ont été donnés par les différents orateurs.

J'ai appris, avec une satisfaction très vive, Monsieur le Contrôleur, que la production de la 4ᵉ Région, la production du Sahel, atteint les deux cinquièmes de la production de la Tunisie tout entière; que, d'un autre côté, dans les bonnes années, vous atteignez la moitié de la production des huiles d'olives de Tunisie, qu'enfin, vous avez à peu près 30 millions de kilogrammes de production qui valent à peu près 50 % de la production totale, et que vous mettez en œuvre 711 huileries.

Après ce que j'avais déjà vu dans le Nord de la Tunisie, après tout ce que mes collègues ont constaté, nous pensions que notre étonnement était à son comble. Mais, je vous le dis, et vous le constatez comme moi, nous voyons de plus en plus d'oliviers. Par conséquent aussi, nous sommes de plus en plus enclins à retirer de ce que nous voyons cet enseignement pratique que nous sommes venus chercher dans ce congrès.

J'avais l'honneur de vous dire ce matin, en quelques paroles, dans ma modeste allocution, qu'en général, tous les Congrès se ressemblent. Je veux dire par là que le programme de tous les Congrès — et je fais appel aux souvenirs de mes collègues ici présents — comprend toutes les questions d'ordre technique et scientifique qui peuvent se présenter et on leur donne des solutions qui font également tort à tous les Congrès.

Ceci est loin d'être une critique à l'organisation de ce Congrès qui est parfaite, et je suis heureux de proclamer devant vous, et de répéter encore aujourd'hui, les éloges qu'au nom de vous tous j'ai adressés au Comité d'organisation et aux éminents, distingués et dévoués fonctionnaires qui ont contribué à ces travaux. C'est une chose que je ne saurais trop répéter et je vous prie de les applaudir avec moi.

(Vifs applaudissements.

Mais, comme je vous le disais ce matin, nous devons essayer — et mes fonctions de Président m'en donnent le stricte devoir — de nous attacher à faire produire à ce Congrès des résultats d'ordre pratique et réaliste qu'en général ces réunions ne donnent pas.

Vous avez vu que nous avons déjà commencé à Tunis, que nous avons continué ici, et que nous continuerons sans doute à Sfax, une série d'examens de questions d'ordre pratique et réaliste qui permettront, non plus enfin à tous ceux qui s'occupent de science et de technique proprement dite, mais aux oléiculteurs aux commerçants, aux industriels, à tous ceux, enfin, qui s'intéressent à l'oléiculture, soit sous forme d'olive proprement dite, soit sous forme d'olive liquide, de retirer de notre Congrès des indications précises, soit pour le pogrès de l'agriculture, soit pour le progrès de l'industie oléicole, soit pour le progrès du commerce.

Si nous arrivons, Messieurs, à des résultats pratiques, soyez persuadés que le IX⁰ Congrès international d'Oléiculture marquera dans l'histoire des Congrès C'est à quoi nous devons aboutir.

Tout à l'heure, M. le Contrôleur civil, dans son discours, faisait allusion à la nécessité d'avoir des renseignements précis sur la taille de 'olivier. Je suis très heureux que l'énonciation de ce vœu nous donne l'occasion de vous dire que nous avons essayé de devancer vos désirs, et que nous avons examiné, dans nos diverses séances, à Tunis, des questions d'ordre général sur la taille de l'olivier. Mais le problème a paru si important et si pratique au point de vue de ses résultats, que le Congrès a senti la nécessité de nommer une Commission spéciale qui est chargée d'examiner et d'étudier les différentes méthodes de taille au cours des excursions que nous faisons, et de nous faire un rapport approprié, sur le vu de la taille dans les différentes régions. Nous pensons ainsi pouvoir formuler à notre réunion plénière de Sfax, les conclusions auxquelles cette Commission aura abouti et adopter une méthode qui pourra être conseillée aux divers pays.

Vous voyez donc, Monsieur le Contrôleur, que, déjà, nous nous sommes acheminés vers les solutions pratiques que vous préconisez et qui sont dans l'esprit de tous les congressistes.

Il en est de même de toutes les questions — en ce qui concerne la mouche de l'olive en particulier — qui font également l'objet de notre attention, et qui, après-demain, à Sfax, donneront lieu à des discussions approfondies. Je sais que des relations très savantes nous seront présentées et que nous aurons également sur ces diverses questions des solutions que nous pourrons recommander à l'attention des divers oléiculteurs et fabricants d'huile.

Enfin, Messieurs, pour terminer, je dois vous dire — et je suis heureux de le répéter ici comme je l'ai déjà dit à Tunis — qu'en ma qualité de représentant officiel de l'Institut international d'Agriculture, avec mon collègue Bilbao, délégué de l'Espagne, nous nous faisons un devoir et un plaisir d'assister à ces Congrès, non seulement parce que nous y rencontrons nos collègues étrangers qui suivent ces manifestations internationales, mais aussi parce que nous venons chercher dans les divers pays que nous traversons des enseignements, des méthodes nouvelles, que nous pourrons recommander à notre Comité permanent, de façon que ces enseignements, ces informations, ces renseignements que nous recueillons dans nos divers voyages et au cours de ces Congrès, puissent faire l'objet d'études de la part de nos services techniques et puissent servir ainsi de documentation pour préconiser des conseils, des avis et des suggestions aux Gouvernements et, par conséquent, aux agriculteurs du monde entier.

C'est vous dire, Monsieur le Président, que tous les congressistes ici présents sont pénétrés de l'importance de leur mission. Ils savent qu'au milieu du plaisir qui les attend dans chacune des villes qui les reçoit, d'une façon si cordiale et si somptueuse, il y a aussi la partie scientifique et pratique, qui ne cesse d'obséder leur esprit. Et je suis persuadé que, lorsque nous terminerons nos travaux à Sfax en assemblée plénière, et que je pourrais tirer la philosophie et la morale de ce Congrès, je suis persuadé, Messieurs, que je pourrai dire avec orgueil que le IX⁰ Congrès international d'Oléiculture se manifeste, entre tous les autres, par ses résultats pratiques et réalistes.

Messieurs,

Permettez-mois donc de lever mon verre à la ville de Sousse, à M. le Contrôleur civil qui dirige d'une façon si distinguée et si dévouée en même temps, la 4ᵉ Région, à M. le représentant de la Municipalité, à M. le Président de la Chambre mixte, à tous ceux enfin qui ont bien voulu nous accueillir d'une façon si cordiale. Et je me permets de leur dire, en votre nom à tous : « Nous espérons revenir à Sousse le plus tôt qu'il nous sera possible et nous souhaitons nous y retrouver tous réunis ».

(Vifs applaudissements.)

Discours de M. Manuel Priego

Délégué de l'Espagne

(Traduction)

Monsieur le Controleur civil,
Messieurs les Représentants des Autorités de Sousse,

Nous avons vu des arbres millénaires ainsi que de nouvelles plantations qui promettent, pour l'avenir, des récoltes splendides. Il semble certain que l'arbre de Pallas ou Minerve a son siège en Tunisie, et que Mercure, dieu du commerce, trouve ici, dans l'arbre de Minerve, un élément à son activité.

La délégation espagnole admire profondément les plantations tunisiennes et n'est pas jalouse du progrès futur qu'elle entrevoit par les excursions qu'elle a faites, ni du magnifique avenir de ce pays dont elle se fait une idée.

Je suis heureux de constater que, depuis l'occupation française, les plantations d'oliviers se sont accrues et que l'industrie oléicole est devenue une des principales industries de ce pays.

Je termine mon allocution en buvant à la santé de M. le Contrôleur civil, des autorités de la ville de Sousse, qui nous ont si bien accueillis, et je les assure que tous les espagnols emportent, dans leur pays, l'opinion que la Tunisie est une belle et grande nation de l'oléiculture, et que nous nous rappellerons aussi très volontiers l'excellent accueil que nous avons reçu ici.

(Vifs applaudissements.)

Discours de M. le Professeur Petri

Délégué de l'Italie

Monsieur le Controlehr civil,
Messieurs les Représentants des autorités locales,

Je dois exprimer, avant tout, la reconnaissance de la délégation italienne pour l'aimable accueil que nous avons reçu ici, dans cette jolie et importante ville où l'oléiculture constitue l'industrie principale.

Nous avons admiré, bien sincèrement, le degré de perfectionnement auquel sont arrivées la culture et l'exploitation des produits de l'olivier, et nous en sommes d'autant plus enthousiasmés que plusieurs italiens ont contribué à la mise en valeur de ces terrains.

Devant les superbes étendues de plantations d'oliviers, exempts de maladies, nous avons éprouvé une admiration, comme on en éprouve devant la vue d'une beauté reconnue remarquable. C'est grâce à la perfection technique de l'action directrice qu'on a pu faire tout ce que nous avons eu la chance de constater ici.

Nulle part, ailleurs qu'en Tunisie, il n'est possible de voir si facilement les admirables résultats de la collaboration harmonieuse et féconde entre les différentes nationalités.

Nous vous assurons donc, Messieurs, que le souvenir de cette visite à la ville de Sousse et à toute la Tunisie, sera associé, dans notre esprit, à celui des rapports réciproques entre les travailleurs de ce pays, qui confondent leur activité matérielle et intellectuelle à mettre en valeur leurs terres.

Nous souhaitons que ce Congrès de l'Oléiculture soit fécond en résultats, et je me permets de lever mon verre en l'honneur de cette ville de Sousse, en l'honneur de la Tunisie, en l'honneur de la France et de tous les pays qui sont représentés ici.

(Vifs applaudissements.)

Discours de M. Isaakides

Délégué de la Grèce

Messieurs,

Pendant que les travaux du IXe Congrès international d'Oléiculture se poursuivent, nous continuons notre excursion agréable en même temps que très utile à travers les régions oléicoles de la Tunisie.

Après Tunis et Bizerte, nous avons vu, dans la région de Sousse, comment l'olivier peut devenir le meilleur moyen de mettre en valeur la terre, et comment la production de cet arbre peut être accrue et améliorée. Nous avons vu également comment l'oléifacture peut être tirée des catacombes pour être placée au premier rang des industries modernes possédant les installations les plus perfectionnées, assurant à l'oléicuture tout entière les plus larges profits.

Il nous a été extrêmement agréable de constater que ce progrès est l'œuvre réalisée par l'activité et le génie français dans ce pays, avec le concours de l'élément indigène.

Dans une intimité la plus parfaite et une étroite cordialité entre tous les pays oléicoles réunis à Sousse, nous goûtons aujourd'hui la traditionnelle hospitalité française.

Très impressionné par le progrès qu'il nous a été donné de constater partout, en matière d'oléiculture et très touché par l'accueil cordial qui nous est fait, je me fais un devoir, en ma qualité de délégué de l'Etat Hellénique au IXe Congrès international d'Oléiculture, d'exprimer ici mes sentiments d'admiration et mes profonds remerciements au Comité du Congrès et aux autorités de cette ville, à la prospérité de laquelle je lève mon verre.

(Vifs applaudissements.)

Sousse. — Oliveraie à Kalaâ-Serira (Propriété Leroy)

Discours de M. Abdel Wahab Fahmy

Délégué d'Egypte

(Traduction)

MESSIEURS,

Je me joins à mes collègues étrangers pour vous présenter tous mes remerciements et vous exprimer ma gratitude et ma reconnaissance de l'accueil cordial que vous m'avez réservé.

J'ai, depuis mon arrivée à Tunis et en Tunisie, été émerveillé de la bonne culture de l'olivier dans le Nord, mais où mon émerveillement a été plus grand encore, c'est lorsque j'ai eu l'occasion de visiter les cultures d'oliviers de la Compagnie Franco-Africaine.

Je suis convaincu que la Tunisie aura un avenir brillant au point de vue oléicole.

Je ne manquerai pas de rapporter à mes compatriotes les enseignements que j'ai pu recueillir en Tunisie et, en même temps, je leurs dirai la bonne et cordiale réception qui m'a été faite par la France dans ce pays.

Après quelques instants d'une conversation animée, les invités se séparent de leurs hôtes dans une parfaite cordialité.

Journée du 2 novembre. — SOUSSE

A sept heures, les cars se mettent en route, emmenant la caravane à la propriété Leroy, à Kalaâ-Serira (à 11 kilomètres de Sousse), en suivant à l'aller l'itinéraire par Hammam-Sousse et Akouda, tandis qu'on prendra la route directe au retour. L'intéressant Henchir el Bey, appartenant à M. Leroy, d'une superficie de 50 hectares, possède, en plus de vergers d'amandiers et d'une orangerie, 1.700 oliviers dont 1.400 en plein rapport, irrigués par cinq puits dont trois sont équipés électriquement et reçoivent, par ligne aérienne, l'électricité produite par une centrale avec moteur semi-diesel à mazout de 11 CV.

M. et Mme Leroy font les honneurs de leur domaine et donnent toutes explications aux congressistes, montrant les irrigations des oliviers, en faisant distinguer l'irrigation ancienne et classique utilisée dans tout le Sahel par les *meskats* et existant encore dans la propriété et la nouvelle irrigation par puits qu'ils ont installée. Ils fournissent des chiffres de rendement impressionnants (minimum annuel de 100 caffis) que la belle récolte pendante confirmait à la vue.

M. Leroy a fait des essais d'engrais organiques et d'engrais chimiques (engrais complets) dans ses oliviers : grâce à l'irrigation, facilitant la mobilisation des produits fertilisants, les résultats ont été si remarquables que le propriétaire, qui ne peut peut produire qu'une faible quantité de fumier chez lui, fume désormais tous ses oliviers aux engrais.

La taille pratiquée est annuelle et légère; comme à l'Enfida, on évite les grosses blessures. Elle est pratiquée par des Sfaxiens, surveillés et dirigés par les propriétaires eux-mêmes, qui leur ont imposé l'usage du sécateur que ces tailleurs ne connaissaient pas.

Les labours et binages sont bien suivis et les binages alternent, l'été, avec les irrigations. Celles-ci sont calculées, en général, à raison de cinq mètres cubes par pied. L'eau revient à 0 fr. 32 par mètre cube environ (amortissement compris).

La production moyenne est d'au moins 120 caffis (de 640 litres) d'olives et va en augmentant du fait de la croissances des jeunes arbres et de l'amélioration de la culture et de la taille.

La récolte, qui était en cours lors du passage des congressistes, s'est élevée à 170 caffis.

Il y a quelques années, le maximum de 184 caffis a été atteint.

Au retour, après une fantasia donnée par la population de Kalaâ-Serira, les congressistes visitent la salle d'honneur du 4ᵉ Tirailleurs à la Kasbah, puis la ville arabe et les souks, et le musée municipal.

De Sousse a Sfax par Monastir et Mahdia

A 12 h. 30, avec une impressionnante exactitude, la caravane des cars s'ébranle et quitte Sousse. M. Novak, membre du Grand Conseil, est désigné par la Chambre mixte pour accompagner toute la journée les congressistes.

Première étape *Monastir*. — La jolie ville orientale, avec ses remparts et son cachet spécial, intéresse les voyageurs qui peuvent aussi visiter, en plein fonctionnement, une antique *masra* avec presse à vis en bois et une petite huilerie moderne à traction animale.

Ensuite, les congressistes sont fort aimablement reçus à l'Hôtel de Ville par Si Hassen Sakka, caïd de Monastir et président de la Municipalité, et M. Reffalo, vice-présdent, où un champagne d'honneur leur est offert.

On ne peut qutter Monastir sans aller jeter un rapide coup d'œil à sa plage gracieuse et pittoresque, avec sa thonaire toute proche, puis on repart pour Mahdia.

Au départ de Monastir, on admire la route en corniche entre la

El-Djem. — Dans les ruines de l'amphithéâtre

mer et la forêt d'oliviers; on aperçoit les nombreux et populeux villages qui jalonnent ce pays riche et peuplé grâce à la prospérité que donne l'oléiculture, on passe devant l'usine à grignons de Ksibet-Mediouni, devant les ruines de Lamta, on jette, en passant, un coup d'œil aux tisserands de Ksar-Hellal, à la ville indigène si active de Moknine, aux orangeries de Téboulba, aux cultures d'oliviers, d'arbres fruitiers et de légumes de Békalta et on arrive à Mahdia.

A Mahdia, on visite également une antique *masra* remise en service pour l'instruction des congressistes, qui peuvent ainsi voir les progrès réalisés depuis l'occupation française, en partant du point de départ qu'ils ont là sous les yeux. On fait l'ascension des remparts pour voir la ville et sa forêt d'oliviers, ainsi que son pittoresque paysage maritime, et un nouveau champagne d'honneur attend les congressistes, reçus aussi généreusement et aussi aimablement qu'à Monastir par Si Hassen Abdul Wahad, caïd et président de la Municipalité, et M. Péquin, vice-président.

L'on repart de nouveau, en passant par le gros village de Ksour-Essaf, on traverse les forêts d'oliviers des Metellit et l'on parvient à El-Djem. On visite le bel amphithéâtre romain datant du IIIe siècle, sur lequel le Caïd de Djebibina, M. Abdul Wahad, donne les plus intéressants renseignements.

Avant que le Congrès ne reparte sur Sfax, un dernier champagne d'honneur est offert dans les salons de l'hôtel-buffet de la gare par le Caïd et les kahias de Ksour-Essaf et d'El-Djem et par les notabilités de la région.

M. Novak, membre du Grand Conseil, en une rapide improvisation, résume l'intérêt oléicole de la région parcourue depuis Sousse et souhaite aux congrressistes la continuation heureuse de leur magnifique randonnée.

M. le Président Dop et les délégués étrangers remercient M. Novak et la colonne reprend la direction de Sfax où elle arrivera vers 20 heures.

H. LAROZE,

Conseiller agricole de la 4e Région.

(Sousse).

EXCURSIONS DANS LA 5e RÉGION (Sfax)

Du 2 au 6 novembre

Le 2 novembre 1928, la caravane des membres du IXe Congrès international d'Oléiculture, quittant El-Djem, pénètre dans la région sfaxienne. Pendant quelques kilomètres, jusqu'à la traversée de la Sebkha-m'ta-el-Djem, les cultures ont encore le caractère du Sahel de Sousse; puis, de suite, on entre dans les olivettes cultivées suivant la méthode sfaxienne : espacement à grand intervalle, alignements réguliers, parfaite culture du sol, etc. La démarcation fait une forte impression et saisit tous les visiteurs. Ce spectacle se déroule pendant une cinquantaine de kilomètres et l'on pénètre dans la banlieue de Sfax, traversant une zone de jardins. L'arrivée à Sfax a lieu à la tombée de la nuit, mais l'on remarque fort bien la décoration des artères de la ville qui a pris un air de fête en l'honneur des congressistes.

Journée du 3 novembre, matin

Par un beau soleil, les congressistes, remis des fatigues du voyage de la veille, sortent de bonne heure pour faire connaissance de la ville. La décoration des rues et des bâtiments, l'activité qui se manifeste partout dans des artères larges et bien tracées, un air de fête et de gaîté, donnent, sous un ciel lumineusement bleu, une impression de cordialité dans l'accueil que fait Sfax à ses visiteurs.

A 9 heures du matin, le Comité local du Congrès, assisté des présidents et membres de la Chambre mixte de Commerce et d'Agriculture du Sud et des Associations d'Agriculteurs de la Région, ainsi que les autorités civiles et militaires reçoivent les membres du Congrès. Cette réception a lieu dans la salle du théâtre municipal.

M. Bertholle, Contrôleur civil, Président du Comité local du Congrès, ouvre la séance et donne la parole à M. Boucher, Président de la Chambre mixte de Commerce et d'Agriculture du Sud.

M. Boucher souhaite la bienvenue aux Congressistes et leur demande de conserver dans leur mémoire le souvenir du double miracle sfaxien : victoire féconde de l'union solidaire du capital et du travail qui réalise celle plus précieuse encore de deux peuples si différents réunis par le lien puissant des intérêts communs et de l'estime réciproque.

SFAX. — Réception des congressistes à la Municipalité

Ensuite, M. Bertholle cède le fauteuil présidentiel à M. Louis Dop, Président du Congrès. Après avoir remercié M. Bertholle et M. Boucher ainsi que le Comité local, M. Louis Dop ouvre la première séance plénière et expose le programme des travaux du Congrès de Sfax (1).

Soir

A 20 h. 30, une retraite aux flambeaux, avec le concours de la garnison, défila à travers les rues de Sfax, provoquant une vive curiosité et une grande animation. L'Hôtel de Ville est féériquement illuminé et une multitude de guirlandes de lampes électriques éclairent à giorno les principales artères de la capitale du Sud et lui donnent une véritable atmosphère de réjouissance.

Devant l'Hôtel de Ville, un orchestre accompagne les danses kerkeniennes qui provoquent une vive curiosité.

A 21 heures, a lieu, à l'intérieur de l'Hôtel de Ville, la réception privée des membres du Congrès par la Municipalité. Dans les grandes salles ornées de marbre et d'arabesques et tout illuminées, une immense table en fer à cheval réunit la Municipalité et ses invités.

Autour de Si Salem Snadly, caïd de Sfax, et de M. Bertholle, contrôleur civil, sont assis M. Jean Boucher, président de la Chambre mixte; le Colonel Caillon, commandant d'armes; M. Dop, président du Congrès, ainsi que tous les membres du Congrès et les hautes personnalités sfaxiennes.

L'*Harmonie sfaxienne* joue ses morceaux les plus choisis avant et après les discours qui sont prononcés par M. Boucher, au nom du vice-président de la Municipalité, empêché; Si Salem Snadly, gouverneur de Sfax; MM. Louis Dop, président du Congrès; Bilbao, délégué de l'Institut international d'Oléiculture; Pétri, délégué du Gouvernement italien; Isaakidès, délégué du Gouvernement grec; Abdelwahab Fahmy, délégué du Gouvernement égyptien; Hallage, délégué du Gouvernement syrien.

Aux souhaits de bienvenue, les délégués des divers Gouvernements étrangers répondent par des remerciements enthousiastes et des louanges sincères pour la beauté des cultures d'oliviers qu'ils ont eu l'occasion d'admirer dans la 5e Région.

La réception se termine tard et il faut prendre quelques heures de repos, car la journée de demain sera très chargée.

---

(1) Voir tome II, séance plénière du samedi 3 novembre (matin).

Journée du 4 novembre, matin

La journée commence par une visite de la Municipalité. Les visiteurs admirent l'ornementation intérieure de l'édifice, ses marbres, ses plâtres ajourés, les peintures décoratives, les mosaïques et montent au sommet du minaret qui domine toute la région. La vue s'étend sur la ville, le port, les installations d'embarquement des phosphates, les usines, puis sur la banlieue de Sfax qui entoure l'agglomération principale sur un rayon d'une dizaine de kilomètres.

Les congressistes se rendent ensuite au port qu'ils visitent avec intérêt, puis arrivent à l'installation d'embarquement des phosphates où ils sont reçus par le haut personnel de la Cie Sfax-Gafsa. Sous la conduite d'attentionnés cicerones qui donnent toutes les explications nécessaires, les groupes parcourent l'installation électrique spéciale, les vastes hangars, les transporteurs mécaniques, les bascules automatiques, les appareils de chargement et d'embarquement des phosphates, etc...

Après avoir vivement remercié M. Durandeau, directeur de la Compagnie, M. Couderc, chef du service des embarquements, et tout le haut personnel si obligeant de la compagnie, les congressistes se rendent dans diverses huileries.

C'est d'abord celle de M. Hadj Ali Aloulou (route de Gremda), qui comporte l'extraction de l'huile d'olives par broyeurs et presses hydrauliques et l'extraction de l'huile de grignons par le trichlorure d'éthylène. Ensuite, l'huilerie de M. Kouri (route d'Agareb), qui comprend deux broyeurs, des presses hydrauliques et des bacs de décantation très minutieusement étudiés. Passant à la route de Gabès, la caravane visite l'usine de la *Société Franco-Tunisienne* pour l'extraction de l'huile de grignons d'olives par le trichlorure d'éthylène. Cette installation comprend un broyeur pour la pulvérisation du grignon, des séchoirs pour enlever toute l'humidité du grignon, des appareils d'extraction de l'huile par le dissolvant et des distillateurs du dissolvant.

Au retour, un léger arrêt, vu l'heure tardive, permet de visiter la nouvelle *Huilerie expérimentale* de Sfax, établissement destiné à poursuivre des études sur les divers modes d'extraction de l'huile d'olives, la conservation des olives, des huiles, etc.

SFAX. — Illuminations de la Municipalité

Après-midi

A 13 h. 30, la caravane monte en voitures automobiles pour effectuer une tournée dans la forêt d'oliviers de Sfax. Quittant la ville par la route de Triaga, elle passe au point géodésique de Touil-ech-Cheridi situé à 17 kilomètres N-W de Sfax. De ce point (130 mètres au-dessus du niveau de la mer), la vue s'étend sur une grande partie de la forêt de quatre millions de pieds d'oliviers. On aperçoit aussi la ville de Sfax entourée de sa ceinture de jardins émaillée de maisons dans lesquelles résident 70.000 habitants.

M. Boucher, président de la Chambre mixte, dans une allocution spirituelle, mais très documentée, explique ce qu'était Sfax avant l'occupation française avec son embryon de plantations d'oliviers (300.000 pieds environ).

Il rappelle l'action de Paul Bourde, alors Directeur de l'Agriculture. Ce grand animateur, frappé de la lecture des historiens anciens, qui ont décrit l'agriculture de l'époque romaine, ayant étudié lui-même les traces de l'antique civilisation, décida de redonner la prospérité à cette région. Il mit à la disposition des agriculteurs français et indigènes, à patir de 1892, de grandes étendues de terres domaniales, dites terres sialines. Petit à petit d'abord, puis rapidement ensuite, dès 1896, les plantations s'étendirent par un travail acharné et grâce à l'association du capital et du travail (contrat de *m'rharça*). M. Boucher explique ce qu'est ce contrat, ses qualités et ses défauts, mais il faut reconnaître que cette association a été le levier du formidable développement économique d'une région précédemment considérée comme très pauvre et peu favorisée par la pluviométrie (200^{mm} en moyenne avec des extrêmes descendant à 65 ^{mm} certaines années) qui, aujourd'hui, compte quatre millions de pieds d'oliviers.

M. Boucher donne aussi des renseignements sur le mode de plantation en usage à Sfax, sur les méthodes de cultures, etc.

Sa causerie est écoutée religieusement par toutes les personnes présentes qui regrettent, quand les dernières paroles sont tombées, qu'elle soit déjà terminée.

Les photographes ne manquent pas l'occasion de prendre quelques groupes que les congressistes seront heureux d'emporter et qui fixeront le souvenir de cette agréable et instructive journée.

On remonte en autos et, par la route de Triaga, jusqu'au 31e kilomètres, on prend une route de ceinture passant sur une ligne de crêtes. Un arrêt permet de contempler les oliviers des centres de colonisation de Triaga et de Bou-Thadi, qui prolongent la forêt sfaxienne et l'étendent toujours plus loin. Ensuite, par Sidi-el-Ytayem, la Forestière et Malen-Draj, l'on revient sur Sfax par la route de Gremda. On s'arrête à Bogaet-el-Beyha, deuxième point de vue orné d'un minaret d'où l'on contemple une autre partie de la forêt sfaxienne. Devant ce minaret, une réception est préparée par la population indigène. Des boissons et sirops sont distribués pendant que de brillants cavaliers indigènes font admirer leurs talents équestres et l'agilité de leurs chevaux dans les différents exercices d'une fantasia très réussie. La nuit approche, il faut songer au retour qui se fait par la route de Gremda et le principal quartier des usines à huile.

Soir

Après dîner, la journée n'est pas terminée. Les congressistes sont invités à visiter la ville indigène brillamment illuminée. Un concert est donné par la musique locale l'*Asria* et des chants et danses arabes terminent la fête. Ces différentes manifestations sont très goûtées de nos visiteurs qui apprécient la bonne humeur et la cordialité de toute la population.

Journée du 5 novembre, matin

BANQUET DE CLOTURE

Dans les grandes salles de l'Hôtel de Ville, d'immenses tables sont dressées. A la table d'honneur prennent place M. Lucien Saint, ministre Résident général ayant à sa droite Mme Dop, MM. Lescure, directeur général de l'Agriculture; Salem Snadly, caïd de Sfax; Cattat, chef de Cabinet du Ministre; le Colonel Caillon, commandant d'Armes; et à sa gauche, MM. Dop, président du Congrès; Boucher, président de la Chambre mixte; Bertholle, contrôleur civil, et tous les délégués étrangers du Congrès.

Au champagne, M. Louis Dop prend la parole pour remercier de l'accueil fait en Tunisie et plus particulièrement à Sfax.

Forêt d'oliviers de Sfax. — Au signal géodésique de Touil-Cheridi (Causerie de M. Boucher)

Discours de M. Louis Dop

MONSIEUR LE MINISTRE,

MESSIEURS,

Le titre et la qualité de président d'un Congrès international impliquent de grosses responsabilités et aussi de grands honneurs.

J'aurais été tenté de décliner les uns et les autres, si je ne m'étais rappelé que je suis attaché à la Tunisie, non seulement par toutes les fibres de mon cœur, mais aussi par le sentiment du devoir que m'impose ma qualité de délégué permanent de la Tunisie à Rome, que j'ai l'honneur d'assumer depuis près de vingt ans.

Au reste, Monsieur le Ministre, je tiens à vous le déclarer, l'accomplissement de mes fonctions m'a été tellement facilité par l'extrême bienveillance et la courtoisie de mes collègues congressistes que ma charge m'est devenue un plaisir et que c'est un lien de plus qui me rattachera à ce beau pays.

Vous venez, Messieurs les Congressistes, de toutes les rives baignées par le plus beau bleu des mers et chacun de vous porte, dans son cœur, toutes les souvenances éblouissantes de sa terre natale, et dans les yeux la vision de paysages enchantés. L'olivier, l'arbre millénaire, protège de son ombre sacrée la terre de Gethsémanie; il porte ses fleurs et ses fruits entre les colonnes du Panthénon, il colore les collines et les grèves de la Lybie, il ajoute son vert tendre aux blancheurs des minarets de Kairouan, de Sousse, de Sfax, de Tunis, tandis que les rivages d'Italie, de la France, de l'Espagne, présentent aux flots bleus de la Méditerranée le spectacle de la mer verte des oliviers.

C'est pour cela que nous, peuples méditerranéens, aimons l'olivier avec une passion qui va au-delà de la richesse même que l'arbre sacré promet et dispense aux cultivateurs consciencieux.

Je sens intensément parmi vous cette passion qui nous lie dans le présent à travers les plus belles traditions de nos peuples. Mais, pendant le Congrès, j'ai senti aussi vos préoccupations.

Vous avez pensé et vous désirez que le IXe Congrès international d'Oléiculture soit pour vous tous, non seulement l'occasion d'une manifestation internationale, témoignant de la bonne entente et de la cordialité des relations entre les peuples que baigne la Méditerranée, vous avez voulu aussi, et nous voulons tous que ce Congrès constitue, au point de vue réaliste et pratique, un point de départ pour l'amélioration de vos cultures, pour l'intensification de la production et de la protection contre les maladies de l'olivier, pour l'adoption, si possible, des procédés de culture employés dans d'autres pays.

Tous ces résutats, nous osons l'affirmer, ont été en partie réalisés. Les vœux et résolutions adoptés par le Congrès constituent une ample moisson de renseignements pour l'oléiculteur, comme pour l'industriel et le commerçant.

Permettez-moi de formuler le vœu que les solutions apportées à ces divers problèmes par notre Congrès soient le point de départ de nouveaux succès, de nouvelles victoires dans le champ oléicole.

C'est dans ces sentiments et en formulant ces vœux que je vous convie. Messieurs, à lever vos verres en l'honneur de Son Altesse Mohamed El Habib Pacha-Bey, bey de Tunis, en l'honneur de M. Lucien Saint, ministre plénipotentiaire, Résident général de la République française, à Tunis, à qui nous sommes heureux d'exprimer notre respectueuse gratitude pour la sollicitude et l'intérêt tout particulier qu'il a apportés au succès de notre Congrès,

A la ville de Sfax, qui nous a offert une hospitalité si cordiale,

A l'entente cordiale entre les oléiculteurs de tous les pays pour le bonheur des peuples et pour la paix.

(Vifs applaudissements.)

M. LUCIEN SAINT se lève à son tour et prononce le discours suivant :

Discours de M. le Ministre Résident Général

MESSIEURS,

Dans cette région du Sud Tunisien, parsemée de ruines romaines, une légende dit obscurément la richesse antique du pays. On raconte que les huileries de Zita, ville romaine, aujourd'hui enterrée dans les champs, étaient reliées par un aqueduc souterrain, au petit port de Zarzis. A la saison de la récolte, l'huile coulait sans discontinuer, comme un fleuve d'or, que recueillaient des navires chargés d'amphores.

Légende symbolique, dont la signification n'a pas cessé d'être vraie. Le miracle du fleuve d'or jaillissant des oliviers tunisiens, ne le voyons-nous pas, tous les ans, se renouveler à nos yeux ? C'est une source de richesse intarissable, qui ne fait que s'accroître au fur et à mesure que la « politique de l'olivier » donne, elle aussi, ses fruits.

A cela, moins de trente ans de Protectorat auront suffi. Car il a fallu toute la prévoyance et l'énergie d'un Gouvernement pour vaincre l'hostilité de la Nature, toujours prête à ruiner le travail orgueilleux de l'homme qui cherche à l'assujettir. Vous connaissez le nom de celui qui fut l'initiateur de cette lente transformation de terre quasi désertiques en un verger florissant, et il semble quelque peu inutile de le citer dans cette ville dont il a fait la fortune, et qui lui a dédié l'une de ses places — Paul Bourde, directeur de l'Agriculture, dont j'ai l'espoir d'inaugurer prochainement la statue. Je ne redirai pas les observations qui le conduisirent à penser que le Sud Tunisien était revêtu, à l'époque romaine, d'une forêt d'oliviers, ni le trait de génie qui lui fit voir, dans un lointain avenir, cette région transformée par une nouvelle culture.

Si Paul Bourde, Messieurs, revenait aujourd'hui parmi vous, quel étonnement ne le saisirait-il pas ? Sur les vaines pâtures que parcouraient jadis, poussant devant eux leurs troupeaux errants, les pasteurs à la merci des pillards, des fermes de pierre ont fixé l'arabe et le berbère, en ont fait un colon. Des allées rectilignes étendues à perte de vue, majestueuses par la magnificence de leur développement et l'ampleur de leur intervalle, permettent, dans cette distance de 24 mètres, en attendant la récolte longue à venir, de cultiver les céréales

Forêt d'oliviers de Sfax. — Signal géodésique de Touil-Cheridi

et parfois même la vigne. Ce sont les allées d'un verger aux arbres bien taillés, elles mêmes rigoureuscment sarclées de l'automne à l'été; et ces soins méticuleux constituent le meilleur des témoignages de la nouvelle paix française et de la prospérité du pays.

Quel étonnement ne saisirait pas, dis-je, celui qui, à peine un quart de siècle après la création de cette oliveraie, la verrait ondulant à l'infini au souffle des vents de la mer, gagnant les étendues désolées du Sud et entourant déjà, — du moins n'est-il pas chimérique de l'entrevoir, — le golfe de Gabès, de Sfax à Zarzis, de sa ceinture d'argent.

Il y a cinquante ans, la région de Sfax comptait 360.000 pieds d'oliviers. Aujourd'hui, elle approche, avec les innombrables nouvelles plantations, de six millions. Au lieu de dix-huit mille hectares, l'oliveraie de Sfax en couvre plus de 400.000. Ces chiffres sont éloquents. L'avenir l'est encore davantage. La culture de l'olivier convient à des étendues de terrain immenses, dont le sol ni le climat ne sont différents de ceux de Sfax. Les projets du Gouvernement laissent entrevoir que sous peu seront quadruplés les chiffres actuels.

Aussi peut-il être fier de l'œuvre accomplie : la mise en valeur de terres auxquelles il a apporté, avec un sang nouveau, la paix et la prospérité. Mais cette mise en valeur, Messieurs — et il m'est particulièrement agréable de le dire, ici, en ce banquet qui clôture le Congrès international d'Oléiculture, — cette mise en valeur n'a été possible que par une intime collaboration du Gouvernement et de la population. C'est de cette confiance mutuelle qu'à jailli le « miracle de l'olivier ». Je me plais à rendre hommage à l'intelligente et laborieuse population de Sfax qui, malgré les invasions et les guerres, à travers les vicissitudes des siècles, a su transmettre de génération en génération le goût de l'oléiculture et les antiques méthodes héritées de Carthage et de Rome. « L'esprit des planteurs romains, disait Paul Bourde, s'est perpétué en vous. »

Pour qu'elle transformât la steppe stérile en oliveraie, que lui manquait-il ? L'appui de la loi française, l'effort énergique et continu des administrateurs locaux, l'impulsion de nos colons et de leurs capitaux, la promulgation de règlements propres à purifier, par une simplification nécessaire, la terre soumise à des coutumes régaliennes trop étroites.

La population sfaxienne avait à ses portes d'immenses domaines, les terres sialines, qui attiraient ses convoitises. En 1871, l'Etat tunisien avait repris possession de la concession particulière, dont le premier bénéficiaire vivait au XVIᵉ siècle. Le sage Ministre Kheir-ed-Dine en réglementa la vente; mais la plantation languissait. La France dut prendre en mains le lotissement des terres sialines. Paul Bourde acheva ce qu'avait commencé Kheir-ed-Dine.

Tandis qu'en dix ans, de 1871 à 1881, il n'avait été vendu que 2.847 hectares destinés à être plantés, le décret que prit le Gouvernement du Protectorat, en 1892, suscita immédiatement une foule de demandes. Et ces demandes parvenaient, pour la plupart, d'indigènes qui attendaient, avec quelle impatience, le moment de travailler librement et un acte de propriété. Pour la première fois était réglementée l'occupation ancienne des indigènes; en même temps des concessions nouvelles étaient octroyées au prix de 10 francs l'hectare, à la condition qu'elles soient complantées en oliviers.

Voilà l'acte de gouvernement dont est partie la renaissance de l'olivier. Dès ses débuts, le Protectorat voyait lui sourire la fortune, parce qu'il faisait une œuvre de justice et l'accomplissait, loyalement, pour la prospérité et le développement social de ceux qui avaient appelé son concours.

L'action bienfaisante de la France devait sans cesse se faire sentir auprès des oléiculteurs indigènes. N'est-ce point un complément indispensable à la culture qu'apporta notre Protectorat par ses méthodes d'oléifacture ? Les indigènes l'ont bien compris; et, voyant une source nouvelle de richesse dans la plus-value que prenaient leurs huiles, ils ont, presque instantanément, remplacé leurs moulins rudimentaires et antiques par l'huilerie moderne. Ainsi s'est industrialisée cette région qui, il y a cinquante ans, ne connaissait guère que le broyage des olives sous un rouleau tiré par un chameau.

Rappellerai-je que ce sont des négociants français qui essayèrent les premiers d'industrialiser les huileries arabes ? Dès 1854, un Français, Louis Jonquier, installait une huilerie dans le Sahel, à Mahdia. Au lendemain du traité du Bardo, son exemple fut suivi à Sousse, à Sfax. Aujourd'hui, la région seule de Sfax compte plus de 300 huileries à moteur, et est distinguée dans la production méditerranéenne par la perfection qu'elle a su apporter à la préparation de l'huile. Ce n'est pas là l'un des moindres étonnements qui frappent l'étranger, et l'une des choses qui vous ont certainement intéressés, Messieurs, que cette profonde industrialisation d'un pays qui a su si parfaitement s'adapter à nos méthodes.

Je ne m'appesantirai pas sur les opérations techniques qu'il vous a été donné de voir au cours de vos excursions. Je ne vous redirai pas, car vous vous êtes réunis pour discuter chaque perfectionnement et peser chaque invention, quelle valeur nouvelle a apporté à l'huile de Tunisie l'excellence de sa fabrication.

Le plus vieil arbre du monde, dont les titres de noblesse remontent à l'Arche de Noé, l'olivier, n'a donc point encore révélé tous les secrets de ses fruits ? Il est permis, du moins, de penser que l'huile, dont nous voyons ici les échantillons, est différente des huiles du monde antique, et de combien supérieure. Tant est que la nature a su toujours récompenser le labeur opiniâtre, l'effort persévérant, la recherche du mieux et du plus parfait.

Regardez autour de vous. Voyez le résultat atteint. La Sfax nouvelle est la récompense du travail. La ville avait 40.000 habitants, en 1892, elle approche aujourd'hui de 120.000. Des faubourgs lui ont fait une ceinture de maisons et de villas, et déjà de nouveaux faubourgs enserrent de leurs constructions neuves les faubourgs anciens. Voici que les agglomérations de Picville et de Moulinville sont complètement rattachées à Sfax. La grande banlieue qui entoure la cité d'un verger de 15.000 jardins, comme une immense oasis, qui fait à la ville blanche une couronne de verdure, multiplie ses villas et, bientôt, la campagne plantée d'oliviers deviendra à son tour la nouvelle banlieue de la capitale du Sud, à qui sa fortune offre des perspectives d'avenir illimité.

Voilà le résultat de la richesse sfaxienne. Et cette richesse, il nous plaît de le marquer ici, est, pour la plus grande partie, l'œuvre de ses oléiculteurs.

Puissent, Messieurs, vos efforts communs, animés et vivifiés encore par le désir du perfectionnement de l'oléiculture, être un encouragement à nos populations travailleuses. Puissent-ils permettre à la Tunisie, en accroissant son oliveraie, d'éviter les maladies et les déboires, et lui apporter à la fois un rendement plus important et une huile toujours plus pure, plus douce et plus parfaite.

Forêt d'oliviers de Sfax. — Groupe de congressistes à Touil-Cheridi. Au second plan une vue de la forêt d'oliviers

Sfax. — Forêt d'oliviers. Point de vue de Bogaâ-el-Beïda. Fantasia

Puissent-ils, avec la supériorité que notre civilisation s'est acquise sur les temps anciens, étendre toujours davantage, sur les rives de la Méditerranée le domaine de l'oléiculture.

M. Lucien Saint lève alors son verre au IXe Congrès, et tient à remercier spécialement M. Louis Dop, son président; M. Lescure, directeur général de l'Agriculture et MM. Verry et Laverdet, organisateurs du Congrès. En quelques phrases, il remercie les congressistes des pays étrangers qui, par delà les frontières, ont tenu à apporter au IXe Congrès les lumières de leur concours.

Le discours du Ministre est chaleureusement applaudi.

Le prince CHIGI tient, au nom des délégués étrangers, à remercier en la personne du Ministre Résident général, la Tunisie tout entière de l'excellent et inoubliable accueil reçu par les congressistes.

M. BILBAO associe l'Institut international d'Agriculture à ces remerciements et souligne l'esprit de concorde et d'harmonie qui n'a cessé de régner depuis l'ouverture du Congrès.

M. BOUCHER, président de la Chambre mixte d'Agriculture et de Commerce, exprime les regrets des Sfaxiens de voir se terminer si rapidement un Congrès qui a permis de créer entre les délégués des divers pays et les oléiculteurs de Tunisie des liens de solidarité et d'estime réciproque. Il remet à chaque congressiste étranger, au nom des oléiculteurs sfaxiens, un souvenir consistant en une breloque représentant le Dacus.

Entre temps, M. Lucien Saint, Résident général, avait annoncé les promotions suivantes dans le Nichan Iftikhar et remis de sa main la décoration aux personnalités présentes.

Ont été nommés : Grand Croix : MM. de Michelis, Louis Dop.

Commandeurs : MM. Bilbao, Manuel Priego, Petri, de Medici, Prince Chigi-Albani, Bonucelli, Isaakidès, Abdelwahad Fahmy, Prosper Raybaud, Latière, Vivet, Bey-Roset, Hallage, Cruz, Valero, Siniscalchi.

Officiers : M. Mota, Calmarza, Husson, Léoni, Cagno, Giocoli.

A 15 heures a lieu la dislocation du Congrès. Les membres de la caravane, faisant partie du circuit A, rejoignent Tunis en passant par Sousse. Les membres du circuit B se rendent à Gabès.

Lundi 5 novembre, soir

Les membres du circuit B, après avoir quitté Sfax dans l'après-mdi, arrivent vers 19 heures à Gabès, où ils sont courtoisement reçus par MM. Poulet, contrôleur civil suppléant, remplaçant M. Gouin, contrôleur civil, absent; le Colonel Commandant d'Armes; le Khalifat de Mareth, remplaçant le Caïd, absent; Pauron, membre du Grand Conseil; Mousselet, membre de la Chambre mixte d'Agriculture et de Commerce du Sud; Sadok Cherif, membre du Conseil de la 5e Région; Genet, conseiller municipal, et les membres du Conseil municipal de Gabès.

Après une courte prise de contact, les congressistes regagnent leurs hôtels.

Mardi 6 novembre, matin

La matinée est employée à la visite de l'oasis.

L'oasis de Gabès a une superficie d'environ 1.800 hectares et renferme plus de 225.000 palmiers-dattiers. A cause de la proximité de la mer et d'un climat relativement tempéré, les palmiers donnant des fruits estimés pour l'exportation, comme les *degla*, ne peuvent y être cultivés. Les dattes produites à Gabès sont toutes de qualité commune, surtout consommées par les nomades qui viennent chercher là leur provision de l'année.

L'oasis est irriguée par les eaux des sources qui donnent naissance à l'oued Gabès dont le débit est, environ, d'un mètre cube seconde. Ces eaux sont assez chargées en calcaire et en magnésie. Elles laissent à l'évaporation un résidu sec de 3 gr. 5 environ par litre.

Un barrage, dont une partie date du temps des romains, est situé dans la partie amont de l'oasis, côté Sud-Ouest, et ensuite les eaux sont réparties dans les divers quartiers de l'oasis. Des draînages recueillent toutes les eaux de colature qui reprennent le lit de l'oued et sont rejetées à la mer.

SFAX. — Le Résident Général se rend à l'Hôtel de Ville pour le banquet de clôture

Le sol de l'oasis se prête aux cultures les plus diverses. Les arbres fruitiers y ont une vigueur exceptionnelle; l'abricotier et le pêcher y réussissent particulièrement bien. Le bananier donne de beaux produits; les régimes ne sont pas très volumineux, mais les fruits sont très parfumés et d'une saveur délicieuse; le grenadier donne aussi des produits recherchés. Tous ces arbres poussent sous les palmiers et aux bords des rigoles d'irrigation, les clairières étant réservées aux cultures maraîchères et industrielles.

Les cultures maraîchères ne sont pas très étendues.

Une des cultures préférées des gabésiens est celle de la luzerne, qui donne dix à douze coupes par an.

Le henné est assez cultivé à Gabès. Les feuilles sont recueillies et séchées rapidement pour leur conserver leur teinte verte. Enfin, le tabac est cultivé sur près de 100 hectares. La variété de Gabès sert à la fabrication du tabac en poudre.

La visite de l'oasis est facilités par des chemins carrossables qui permettent de circuler entre les jardins, sous de véritables allées de palmiers, au milieu d'une végétation exubérante et très pittoresque.

Après la visite de l'oasis les autorités civiles et militaires françaises, les autorités indigènes et la population de Gabès reçoivent les congressistes à un déjeuner qui a lieu dans le cadre merveilleux d'un jardin que le Gouverneur de l'Aradh a, pour la circonstance, mis très aimablement à la disposition des organisateurs de la réception.

Après-midi

A 14 heures, la caravane repart à regret, emportant un souvenir charmé du cours séjour passé à Gabès. Les automobiles prennent la direction de Sfax et de Sousse où elles arrivent à 20 heures.

R. REY

Inspecteur de l'Agriculture à Sfax.

Mercredi 7 novembre

Dernière journée des excursions. Dès huit heures, les membres du deuxième circuit quittent Sousse et, par Aïn-Ghazezia, où il leur est donné, en passant, de voir quelques cultures intercalaires, regagnent Kairouan. A neuf heures, on approche de la Cité Sainte, qui apparaît majestueuse dans la brume, avec ses hautes murailles médiévales et ses minarets élancés. M. Rémy, contrôleur civil, entouré des personnalités européennes et indigènes, attend les congressistes. Dès leur arrivée, il leur souhaite une cordiale bienvenue et, aussitôt après, on commence la visite de la ville.

Les mosquées tout d'abord (ce sont les seules de toute la Régence dans lesquelles les européens puissent pénétrer) retiennent l'attention des visiteurs. Grande Mosquée, Mosquée du Barbier, Mosquée du Sabre, offrent tour à tour aux touristes la surprenante antithèse d'un ensemble grandiose et émouvant et d'une exécution plutôt rudimentaire. Les *mirhab* niches indiquant la direction de la Mecque, les chaires (*minbar*), les minarets sont vivement admirés.

Après la visite des mosquées, la caravane se rend dans les souks aux tapis où la *zerbia*, le *mergoum* et le *klim* leur sont présentés par les boutiquiers.

A midi, un déjeuner intime réunit les congressistes à l'Hôtel de France.

A 14 heures, la caravane quitte à regret Kairouan pour Zaghouan, (où elle est saluée au passage par M. Graignic, contrôleur civil), et *Tuburbo Majus*, où de nouvelles ruines romaines la retiennent quelques instants.

A 19 heures, les cars arrivent à Tunis.

Le lendemain, 8 novembre, les congressistes étrangers reprennent le bateau ou le chemin de fer, emportant de ces quelques journées le plus exquis souvenir et l'espoir de se retrouver en 1930 au Xe Congrès international d'Oléiculture, à Athènes.

FIN DU 1er VOLUME

9 782329 203539